吳文輝——著

績效管理 × 危機意識 × 人才培訓 × 角色定位……
當發號施令的管理者不只要有兩把刷子，事實上你該有九把！

領航管理

九步改寫企業格局

怎麼成為好的管理者？
——「貪財、怕死、愛面子」！
當主管雞毛蒜皮的小事也要管，管理學竟然說管越少越好？

人才培養、團隊合作、有效授權、危機管理……
「人」是企業唯一真正的資源，管好人就等於萬事 ok！

目錄

目錄

前言

何謂「管理」？是公司運行的一種手段，還是助推公司發展的一種技巧？是藝術的一種表現形式，還是一門學問？在公司營運的過程中，這是一個非常重要的問題，每一個企業管理者都在不遺餘力地探求最有效的管理模式。有人說，管理是一件很複雜的事情，它涉及企業的方方面面，比如人員管理、團隊管理、決策管理、時間管理、風險管理……

也有人說管理很簡單，只要把所有的想法整合在一起實行就好。但是，為什麼你明明知道了管理的奧祕，卻依然不能管理好你的公司？為什麼有人樂此不疲地參加各種管理培訓，卻依然使公司處於岌岌可危的險境？為什麼有人研究了無數的管理案例，面對公司的具體問題卻依然束手無策？在經歷那些讓人熱淚盈眶的「勵志培訓」後，在看過那些讓人熱血沸騰的「勵志書籍」後，曾一度認為自己離世界首富是那樣的接近，也曾認為自己就是一個商業奇才，可為什麼還總是碰得頭破血流？於是，面對自己辛辛苦苦創建起來的公司，有的人開始自嘆命運不濟，有的人心甘情願承認自己不是管理的「料」……

確實，當老闆很不容易，要管理好公司不是件輕而易舉的事情，它是一個不斷修行與累積的過程，若還要求賺錢、保

前言

持健康、留存好名聲三方兼顧，那就更加困難。有人認為只要自己擁有最優秀的人才，就能夠使公司蒸蒸日上；有人認為只要做好員工培訓，使自己的團隊不斷壯大就可以為公司帶來效益……是的，這是不錯的，可是或許你擁有一群出色的員工，但是總達不到自己想要的管理效果……你是不是為此絞盡腦汁，百思而不得其解呢？

為了讓公司能夠不斷壯大，有些老闆把自己的公司管理得很好，把事業經營得十分成功，可是卻把自己累壞了。失去了健康，財富還有什麼價值？有些老闆名望甚佳，可是會說不會做，在公開演講中講得頭頭是道，可是講完後卻趕緊囑咐部下不可在外面泄底。有些老闆心地善良，一心想著要對自己的員工好，可常常被下屬氣得要死。難道真的是馬善被人騎，人善被人欺嗎？到底該如何拿捏這個分寸？為了事業，為了公司，許多老闆花費了自己所有的時間和精力，失去了家庭的溫暖，忽略了子女的教育，甚至沒有知心的朋友，造成了無法彌補的損失；也有的老闆把公司經營得風生水起，可是卻因為沒有做階段性調整，疏於危機管理，一夜之間從成功的巔峰掉入痛苦的深淵……凡此種種，無不是因為老闆管理理念未跟上、管理能力不到位、團隊執行力不夠等原因造成的令人遺憾的結果。

創立一個公司固然重要，但是守成也十分要緊。商業競爭日益複雜，充滿諸多挑戰，此時，比任何時候都迫切需要優秀

的管理者。身為公司的一把手，你必須具備一定的管理能力，如果你的能力不強，即便公司個個都是精兵強將，也注定會一敗塗地，被激烈的市場競爭淘汰出局。拿人才管理來說，儘管你擁有一群有能力的人，創造著令人滿意的業績，給他們提供不菲的薪資和一流的福利待遇，但你很有可能還是留不住他們，因為你沒有一套有效的管理標準。

要管理好公司，你需要不斷地學習，或許你很忙碌，無法去聽課；或許是拉不下臉來，不好意思去聽課，那麼，至少你可以擺上幾本關於企業管理的書籍在你的床頭案牘，可以供你隨時翻閱並當作參考，相信這樣可以解決很多問題，解除許多困惑。擠出時間，靜下心來看管理類書籍，點點滴滴仔細玩味，小處見到大智慧。你需要一種警告，讓你撇去浮華，沉下心做實事；你需要一種觀點，帶你衝破霧靄，更好地定位你的公司；你需要一些方法，讓你從細節之處更好地管理公司。

本書抓住最為核心的管理要訣，從繁雜難懂、長篇累牘的典籍中抽絲剝繭。它汲取了眾多著名公司管理方面的精華，融合了很多優秀企業管理者最前端的管理理論，並借鑑了大量管理經典案例，以期詳盡真實地反映公司管理方面的精髓，為辛苦創建公司的管理者們提供各種管理技能和方法。

本書囊括了公司管理的九個部分，這九個部分有各自的管理智慧和方法：如何給自己定位；如何實現績效的突破，讓業

前言

績最大化；如何讓資源利用做到最大化；如何打造一個優秀的
管理團隊；如何提升公司管理者的自我形象，樹立強大的個人
品牌；如何有效授權，充分調動員工的工作熱情；如何開展培
訓，打造標竿員工；如何合理地獎懲，激發員工的積極性；如
何帶領企業度過難關。

本書的九章獨立、清晰，又緊密相連，讀者閱讀時能快速
找到自己想要了解的內容。同時，精選最貼切、最實用的管理
案例，並給予精闢的分析與點評，方便讀者輕鬆掌握全章的精
髓。本書所選的案例中，有很多是作者所培訓的企業的真實管
理案例，更貼近實際。

「管理是企業的靈魂。」本書不僅適合老闆和總裁們閱讀，
對於其他管理高層以及管理中層，在借鑑方面也具有重要的意
義。希望本書能幫助你更好地管理公司，從而在商業競爭中脫
穎而出。

第一章　角色定位
—— 請找準自己的位置

一個企業的總裁或管理者，就好比帶領船員遠航的船長，如何管理並帶領這個團隊乘風破浪，走得更遠，關鍵在於企業管理者的角色定位。企業的管理不僅僅在於管事，更在於管人、管心。只有施行人性化管理，關注每一位員工，尊重每一位員工，給他們營造家一般的感覺，員工才會傾心投入工作，讓你達到賺錢、惜命、留名的經營目標。

第一節　管理類型：風、火、雷、山，你是哪一種

　　管理是一種嚴肅的愛。

　　—— 美國國際農機商用公司董事長西洛斯・梅考克

　　並非人人可以當管理者，或者叫總裁，所以，從某些方面來說，總裁也是英雄。我們把英雄豪傑分為風、火、雷、山四種類型，企業到底需要哪種類型的英雄，中國歷代英雄人物向我們給出了最好的答案。

　　風型總裁的特性是卑躬屈膝，順從他人。這樣的領導者雖然可以減少很多壓力，但是不能有自己的決策，始終屈從環境，被他人所左右，難以有所作為。

　　風型總裁在社會上事事都屈從情境的變化。雖然這樣做比那些有理想、有抱負的人，會遭遇較少的阻力，但是，卻無法做出一番事業，無所作為。因此，風型總裁缺少對企業未來明

確的規劃。風型英雄的代表是呂布，他有勇無謀，見利忘義，最後被曹操處死。

火型總裁的特性是自以為聰明，處處都要比別人強，占盡上風，有較強的妒忌心。這樣的人帶領企業，無法凝聚員工的心，不能實現合作共贏，最終會把企業帶上狹隘之路。火型英雄的代表是周瑜，他妒賢嫉能，因為自覺才能不如諸葛亮，害之不成反而氣死自己。

雷型總裁有遠見，做事常給人帶來震動，往往能做出驚天動地的事情。但是，這種總裁全憑一時熱情，往往缺乏持續發展的後勁，有想法、有能力，但沒有毅力，不能堅持，所以最終也是難以成就大事。

風型、火型、雷型三種類型的英雄，都能以最快的速度讓人認定為英雄，但這三種英雄都有一個共性，就是不久之後便再無任何大的作為。雖然他們曾給世人留下深刻的印象，但是卻最終以落寞告終。這三種類型的總裁，往往在企業初期把事業做得轟轟烈烈，但卻草草收場，不能把企業帶得更遠。

所以，企業總裁要做一個山型英雄。山型英雄的特性是不動則已，動就要有排山倒海的力量。這樣的人不但具有「風、火、雷」的動的力量，而且兼有靜的功力，所以動靜不失其所，顯得動靜皆宜，這是山型英雄之所以勝過風型、火型、雷型英雄的優勢所在。山型英雄的代表為趙雲，年輕時勇救後主，屢

建奇功，即使年老，也隨諸葛亮南征北戰，殺敵無數。

　　風、火、雷三型總裁，有一個共通的特性，便是英雄性大於集團性，往往強調個人英雄主義，員工和下屬則只能作為陪襯，企圖以個人的能力帶動企業。現在的企業競爭其實就是團隊的競爭，個人的力量即使再強大，也是匹夫之勇，無法成就大事。這幾種類型的總裁，往往是一時性的轟轟烈烈，並不能持久。而山型的特性，則是集團性大於英雄性，每一個人都在集團中成就自己。總裁就像是一座大山，為下屬和員工搭建一個巨大的舞臺，讓每一個人在這個舞臺上盡情地演出，都能顯出自己的英雄性。這樣每一個員工都最大化地發揮自己的能力，都把自己的英雄本色演繹出來，成就一個戰鬥力強大的團隊，攻無不克，戰無不勝，讓企業越來越壯大。

　　企業要生生不息，員工要安定發展，所以，只有做一個山型總裁，不動如山，企業才能夠穩如泰山，營運流暢，即使遭遇危機也能順利度過。

　　要成為一個山型總裁，首要條件就是不能專制。俗話說「一根筷子易折斷，十根筷子難折斷」，如果總裁專制，一切要求獨自裁決，那就是「獨裁」了。很多企業正是因為總裁的重大決策失誤，以致公司經營遭遇巨大挫折，甚至面臨倒閉，不得不更換總裁。所以，企業總裁要廣納意見，讓企業員工都參與決策，培養企業員工的主角意識，才能讓企業健康發展。

其次，山型總裁能夠知人善任，發揮人才的重要力量。企業中擁有各種人才，各有專長，山型總裁領導的企業裡，這些人才都能夠放心地表現，最大化地發揮自己的能力。歷史上的漢高祖、唐太宗、宋太祖，就是山型總裁的典範。

第二節　先做領頭羊，再做牧羊犬

牧羊有兩種方式，一種是靠頭羊帶領，羊群跟在領頭羊的後面，充滿信任地、心甘情願地跟著它向前走。領頭羊之所以具有天然的崇高威望，是因為它是羊群優勝劣汰中脫穎而出的，因而是「權」和「威」二者自然合一的。另一種牧羊方式是靠牧羊犬管理。羊群在牧羊犬的驅趕下，不斷地向前趕，以落伍為恥。牧羊犬發揮著它的領導作用，一會兒前，一會兒後，不斷驅趕著羊群朝正確的道路上前進。

企業管理者的作用，恰如領頭羊和牧羊犬。領頭羊，一定是羊群中體格最健壯、跑得最快、聽力最好、觀察最敏銳的，發揮著領導作用。它身先士卒，路上有陷阱，它會第一個掉下去；前面有岔路，它會憑經驗選擇要去什麼地方，該怎麼走，自己想明白了，就趕緊啟程。

領頭羊似的管理者，是策略型的領導，有著傑出的經營能力，具有市場策略眼光，具備和市場競爭中的敵人直接對抗的體能和智慧。「不用和其他人商量，也不用管羊群在奔跑過程中

的狀況。」對於他們而言，成為團隊精神領袖，激發團隊成員跟隨他的步伐前進是最重要的。

而牧羊犬呢，必須保證每隻羊都要到達目的地。它一會兒在前，一會兒在後，旁邊散了，它追上去趕回來；方向錯了，它攔在前面迫使羊群轉向。牧羊犬發揮它的領導作用，主要是靠法律、法規和規矩。這類型的管理者屬於營運型領導，他們的主要定位是引導公司內部的直接和間接下屬將公司的策略堅決執行，保證組織的營運過程不偏離所有人的意圖，保證方向的正確性。

領頭羊和牧羊犬管理羊群的方式，就像現代企業的管理方式。現代企業所要面對的環境紛繁複雜、瞬息萬變，這就要求管理者必須具備優良的情緒、逆境商數和準確的判斷力，不同時期要有不同的管理方式。

創業初期，領頭羊似的管理是非常必要的，此時的管理者要能和大家融為一體，要身體強壯，能吃苦，做得最多，要有遠見，更要有清晰的策略目標和策略方向，要不顧一切地往前跑，生存下去，發展起來，這樣才能早日帶領公司發展壯大。身為企業的領頭羊，創業初期要思考，在創新、革新的問題上是否走在了前面，走在公司的前面，走在行業的前面？

在《海闊天空》電影中，當成東青的補習班漸成規模時，成東青請王陽加入，一起辦補習班。同時，成東青邀請孟曉駿加

盟，正式開辦「新夢想學校」。三人憑藉個人魅力，包括成東青的自嘲式幽默教學法，孟曉駿的美國經驗和簽證技巧，以及王陽的創新電影教學，讓新夢想空前成功。但是，這個過程中，有很大程度上取決於孟曉駿的決策，雖然最後的上市計畫被成東青阻擋，孟曉駿依然是這個團隊中的「領頭羊」。他具有較好的策略規劃能力、有充分的上進心和成就慾望，能夠影響和引導他人按照自己的想法工作。他勇於創新，敢走前人沒有走過的路。

當企業發展有了一定的規模，領導者的身分要逐漸從領頭羊向牧羊犬轉變，不僅要繼續充當領頭羊的角色，還要有牧羊犬的管理方式。此時，管理者不但要繼續發揚創業初期的奮鬥精神，要跑得快，還要關注員工個體。牧羊犬是靠「推動」促使羊群往前走的，它不僅要管跑得快的，也要管跑得慢的，不能讓一隻羊掉隊，否則會影響到整個團隊的運行。羊群跑的速度和牧羊犬有關係，但又不完全取決於牧羊犬。

在企業的成熟期，團隊的力量無疑是最大的。企業發展中所面臨的競爭狀況提升到了一個新的層次，這個時候，企業管理者不僅要掌握企業的核心業務，還要關注每一位員工的成長，把自己的本領傳授給員工。只有每一個員工都發展，成為公司的菁英，組成一個菁英團隊，把員工的力量凝聚在一起，才有能力參與嚴酷的市場競爭。此時，企業管理者就可以做一個牧羊犬似的領導者，建立嚴格的制度，發現公司方向錯了，

要馬上拉回來。對員工不僅要拉，還要推，注重管理制度的作用。在企業轉型期，要曉之以理在先，促之以鞭在後。拉不動，就多推；帶不動，就多追；方向偏了，就要往回生拉硬拽；實在因控制不住局面而著急，就大吼幾聲穩定局勢。

不想動也得動，不想轉型也得轉型。

無論是領頭羊還是牧羊犬，實際都是管理方式。企業管理者的個人作用和公司發展緊密地連繫到了一起。在員工少、規模小時，他們衝鋒在前；在員工多、規模大時，他們更要掌握發展方向。在管理實踐中，最好能把領頭羊和牧羊犬兩種管理模式合二為一地應用，既能利用領頭羊的目標指引，又能利用牧羊犬的約束威懾。只有二者很好地結合起來，羊群才可以到更遠的地方吃到更鮮嫩的青草，企業也才會走得更遠，發展得更大。

第三節　管理是管人，但更是管己

「管理你自己」要求每個知識工作者都要像一個 CEO 那樣思考和行動。

—— 彼得・杜拉克

有句古話：「其身正，不令而行；其身不正，雖令不從。」說的是師者的表率示範作用，這個道理同樣適用於企業的管

理。一個企業管理者，首先要管住自己，以自己的行動和思想去帶動別人，這樣的管理效果是強權者所無法想像的。

管理是管人，但更是管己。優秀的管理者都有這樣一個共同的特質：

他們不僅能很好地管理團隊，更善於管理自己。他們堅守原則，信守承諾，嚴於律己，寬以待人。管理是一種行為示範，無論是工作狀態，還是遵守公司的制度，如果管理者自己都做不好，那麼他又怎能在員工面前樹立威嚴呢？一個管理者在員工面前就像是一個公眾人物，個人的生活習慣、工作作風、品格修煉都是員工關注的細節，學習的榜樣。如果你要求員工忠誠、勤勞、正直、感恩、節儉、負責、積極、上進、好學等，那麼管理者首先要自己做到。如果自己做不到，那麼即使你的管理知識再豐富，理論講得再多，員工也不會聽從。

某公司的一個人事管理部長，上班的時候經常遲到，甚至有時會晚到一個小時左右。考勤的工作人員不好記錄他遲到，因為他是上司，不敢得罪，即便是記錄了又有什麼用呢，最後的薪資審核還得經過他手。而他呢，也不向任何人解釋，因為他是負責人。沒有人敢向他提意見，他也始終我行我素，並沒有覺得自己這樣做有何不妥。

然而，這位管理部長這樣做的直接後果就是，以前在公司作息時間規規矩矩的員工們也漸漸地出現遲到早退、代人打

卡的現象。雖然公司再三嚴明紀律，可是又有什麼用呢？背地裡，大家依然如此。因為員工的眼睛是雪亮的，他們的目光都盯著這位人事管理部長。一個經常遲到早退的管理者，又怎麼能期望他的員工會遵循公司的作息時間呢？

　　無論是管理部門還是管理者，一般都是企業制度的制定者和監督者，如果自己沒有帶頭執行制度，這樣的管理必然會陷入困局。制度不僅僅是用來約束員工的，更應該帶頭約束自己。一個遵循作息時間的領導者，不會帶出懶散的員工；一個勤於學習的領導者，不會帶出不知進取的團隊。自我管理是管理的起點。管理者管理好自己，才會更好地實施權力，員工也才會在這種無形的感召下，心甘情願地在你的指揮下工作。

　　「打鐵還要自身硬」—— 只有先學會管理自己，讓自己的行為品格獲得別人的尊敬，才能讓人心服口服。

　　所以說，管人先管己，帶人先帶心。前者是管理的首要條件，後者是管理的最好方法。只有這樣做，才能真正提高管理的效率，完善管理的品質，從根本上解決管理的難題。

　　如何做到管人先管己呢？這不僅僅在於簡單地遵守企業的各種制度，豐富自己的管理知識，強化自己的管理技術，更重要的是在一個人精神層面的東西。要做一個讓員工尊敬的人，以個人的正能量去影響和感化員工。

　　首先，要做一個講誠信的人。誠信是企業管理者非常重要

的素養之一。只有誠實正直，德才兼備，才能贏得員工的尊敬。其次，對待工作，要認真負責，精益求精，有敬業精神。如果管理者自己都沒有敬業精神，那麼再好的制度、技術和措施，又有什麼用呢？最後，管理者要不斷地修正自己的缺點，提升自己的思想修養和人格魅力，這樣才會不斷地提高自己的管理水準。

第四節　管事、管人都不行，該管心

以愛為凝聚力的公司比靠畏懼維繫的公司要穩固得多。

—— 美國西南航空公司總裁赫伯・凱勒赫（Herb Kelleher）

不管多麼複雜的管理，也不管是哪個行業、哪個企業的管理，我們都只有一個目的，就是為了提高效益。許多企業在管理上花了大工夫去管理事務，制度鮮明，責任明確，分工負責，包「產」到戶。這種管理，明確了人們的職責，使員工有事可做，似乎管理起來也輕鬆多了，工作效益似乎也明顯提高了。可是，這種管理卻容易使員工安於現狀，把完成任務視作自己的工作，其他事務與自己無關。這樣的管理，弊端很多，員工之間缺乏合作，合作性不強。於是，企業又把管理的重心轉移到人，把人用各種方法圈定在固定的時間和固定的地點工作，員工不能遲到、不能早退，不能中途離開，活動範圍也給予限定，沒有許可，不能隨意出圍，甚至使用先進的科學設

備 ── 打卡機、指紋機、監控儀等 ── 來保證員工的按時到位。表面看來，這種畫地為牢的管理，的確是管住了人，但是，卻沒有效益，反而把員工和企業放到了對立的位置。員工時刻感受到被約束著，沒有自由，甚至提心吊膽，哪還有什麼工作熱情？如何能創造出效益來？

所以，優秀的企業管理者，不僅僅是管事、管人，更重要的，是管人心。

恆天九五重工有限公司企業創立僅 4 年，就實現了跨越式發展，公司產值突破了 11 億元，在長沙工程機械企業方陣中排名第四位。這個速度，無疑是迅速的。公司總經理李新橋介紹說，恆天九五快速發展的祕訣是：

憑藉先進的技術，以及人性化的管理迅速崛起。

◆ 3 塊錢的豐盛大餐

恆天九五是中國恆天集團旗下的企業，以人為本、關愛職工是恆天九五的傳統。公司自從成立以來，就本著切實為職工辦實事、解難事，想職工之所想、急職工之所急的宗旨，較好地穩定了職工隊伍。

在恆天九五，公司總經理李新橋的名言「企業給員工吃什麼，員工就為你奉獻什麼」幾乎無人不曉。為了讓職工吃得好，公司做出了員工餐廳絕不外包的決定，每月在伙食上投入很多

補貼。紅燒肉、黃瓜燜鱔魚、茶樹菇煨土雞、豬肉燉百合，這樣豐盛的午餐，職工只要掏 3 塊錢（約新臺幣 13、14 元）就能吃飽。

同時，為了給職工提供一個閱讀、休息的活動場所，公司在場地有限的情況下建起了職工活動中心。活動中心內設健身區、乒乓球區、羽毛球區、棋牌室。職工可以在休息時間根據自己的愛好自由活動，員工的精神狀態也格外好。

上面的這個案例，就充分說明了企業的管理不僅僅在於管事，也不只是教條的管人，而是重在人性化的管理，重在人心的聚集。「心」為天下第一焦點，是人最根本的東西，以管心為中心的企業才是一流的企業。正如恆天九五一樣，給員工實實在在的關心，讓他們切切實實地感受到關心。人心是相互的，生活娛樂都達到滿足，這種尊重與關懷，就足以讓員工們認真工作了。所以身為一個管理者，要想管理好一個團隊、一個企業，首先必須要知道，你所管理的人員，他們每天在想什麼？他們需要什麼？然後問，我如何滿足他們的需求？我們盡量滿足員工的需求，讓員工得到他們想要的，給他們創造舒適的生活環境，企業也會得到想要的，那就是員工積極的工作創造出的效益。這就是有效的管理，人性的管理。

人的行為由思想支配，所以管理的核心是管理思想，而不是管理行為。企業管理是多換思想，少換人。只要建構、導引好了

員工的思想，把他們的心都凝聚在一起，大家心往一處想，力往一處使，就能推動企業快速發展。每個人前進一小步，企業就前進一大步。要想建構、導引好思想，就得了解人性，統一思想，統一戰線。管理者如果知道了員工想什麼，那麼就要把企業追求的目標轉換成員工個人追求的目標，讓他們努力得到他們想要的，透過雙方目標的一致性，使員工完成企業的目標，這就是管理的藝術。對於管理者來說，員工是他最重要的客戶。他只有摸透了員工的心，才能把自己的思想推銷給員工，只要全體員工接納了管理者的思想，管理就變得非常輕鬆。

內化要從管事、管人到管心

管理的冰山模型

管事
管人

管心

圖 1-1 內化要從管事、管人到管心

圖 1-1 很好地說明了企業管理中存在的冰山模型。很多企業管理者往往只是看到了裸露在水上的很小一部分浮冰，卻忽略

了隱藏得更深的、比例更重的人和人心。只關心企業發展而不關心員工成長的企業是永遠都做不大的。不重視員工只重視企業，那只會讓管理本末倒置，勞而無功。所以管理的關鍵在於管好人心。

　　那麼，企業到底該如何從管事、管人的模式，轉變到真正管心的模式呢？

　　首先，企業管理者要把員工的滿意度放在第一位，和員工建立事業共同體、利益共同體。當員工的滿意度提高，也就是工作愉快，生活愜意，從「情」這個角度說，員工也會努力工作的。其次，要尊重員工。被列為美國企業界十大名人之一的IBM創始人華生常說：「身為一個企業家，毫無疑問要考慮利潤，但不能將利潤看得太重。企業必須自始至終地把人放在第一位，尊重公司雇員並幫助他們樹立自尊自重的信念和勇氣。這便是成功的一半。」尊重是員工最根本的需求。希望得到別人的尊重是我們人類的基本需求之一。員工也希望在工作場所能獲得別人的尊重，他們希望能有人欣賞他們，對他們微笑。一個人不論具有多大的才能，若無法滿足其被尊重的慾望，他的工作積極性和創造熱情便會被削弱。因此，管理者一定要像尊重專家那樣尊重每一個員工，用尊重感染員工、激勵員工。當員工的被尊重心理需求得到滿足、自我的價值感得到提升時，就會真正思考自己的工作和企業發展之間的關係。最後，要適

時激勵員工。生活中的每一個人，都有較強的自尊心和榮譽感。你對他們真誠的表揚與贊同，就是對他價值的最好承認和重視。能真誠讚美下屬的上級，能使員工們的心靈需求得到滿足，並能激發他們潛在的才能。美國著名企業家玫琳凱女士曾說過，「世界上有兩件東西比金錢和性更為人們所需。那就是認可與讚美」。

讚美可以彌補金錢的不足，調動員工們的工作積極性。

因此，一個好的管理者，不要總是看他的下屬上班了沒有、工作了沒有，而是關心他的下屬的心被凝聚了沒有。如果員工的心和企業的心牢牢凝聚在了一起，那麼，這個員工就會成為企業的人，他就會時刻為企業著想，沒有了分內分外的分工，企業的事，就是他的事。人是感情動物，並非機器，不是你只給一個簡單的指令，他就會轉動。員工工作的好與壞，並不完全取決於他的能力，更關鍵在於他的態度，更在於他的情感、他的心。因此，企業的最終管理，是由管事、管人，到真正凝聚人心。

第五節　把你的員工當家人

不能提升人民福利層次的工業體制是失敗的！如此失敗的工業體制對社會又會有何利益呢？

—— 美國汽車大王亨利・福特

美國鋼鐵大王卡內基曾經說過這樣一句話：「把我所有的工廠、設備、市場、資金全部拿去，只要保留我的員工，4 年後，我將仍然是一個鋼鐵大王。」這話聽起來似乎有點不可思議，但卡內基在對待員工的態度上，的確是夠企業管理者學習一輩子了。總裁和員工之間的定位，可以不只是上下級關係和工作關係，在工作之外還會有同事之間的感情，有兄弟、姐妹般的關懷、愛護。總之，總裁要努力在公司內營造家的感覺，和員工打成一片。要知道，一個人的力量畢竟有限，沒有部下和員工的幫助，你是很難走向成功的。與部下和員工親切友善地打成一片，能使自己更有效地邁向成功。

　　給員工家的感覺，就是指企業在追求利潤的同時，能站在員工的立場，真心實意為員工著想，從待遇、情感、發展空間等多個方面關懷、愛惜員工，想員工之所想，急員工之所急，這樣員工也會有很大的積極性與企業共謀發展了。「老闆把我當人看，我為企業當牛幹。」如果員工找到了歸屬感，他們一定會把企業當成自己的事業，努力工作的。

　　現在的很多企業，往往是老闆文化、家族文化或帝王文化。員工在這樣的公司或企業裡，僅僅是做事拿薪酬，企業的發展與自己毫無關係，再加上感覺不到受尊重，沒有成就感，就會在企業留不下、待不久、做不好。即使長時間在企業工作的員工，目的也僅僅是為了生活，不至於失業，於是消極怠

工,相互推諉。這樣的企業,你期望它能走多遠呢?

那麼,怎樣才能為員工營造家的感覺呢?圖 1-2 就涵蓋了其中的精髓。

如何營造「家」的感覺,深入內化

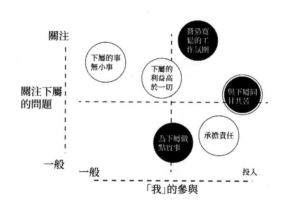

圖 1-2 如何營造「家」的感覺

圖 1-2 顯示了營造「家」的感覺的三個層次:關注員工屬於一般性的;參與是初步為員工營造家的感覺;而投人則是真正地與員工成為一家人,同甘共苦。

具體來說,要為員工營造家的感覺,可以從以下方面做起:

下屬的事無小事,下屬的利益高於一切。很多管理者不知道員工是怎麼生活的,是怎麼想的,也不知道在他們的生活中什麼是最重要的,什麼是對他們有吸引力的。管理其實很簡

單，只要能了解員工的想法變化，管理措施就會積極而有成效。

　　臨近年終，王經理發現一位年紀輕輕的姑娘總是悶悶不樂，但他沒有在意。可是就在他認為那不過是員工個人的一點小事時，這位姑娘和宿舍的八名員工竟然一起辭職，理由非常簡單，那就是想家。原來，要過年了，這位姑娘非常想家，經常晚上一個人哭泣，引得全寢室跟著哭。一人向隅而泣，滿座不樂。心情就是這樣被傳染的，尤其是消極的情緒。如果王經理發現姑娘的情緒後多關心員工，積極應對，就不會造成這樣的結局。

　　所以，下屬的事無小事。作為企業，維護員工的利益就是維護企業自身的利益，只有把員工的利益看得很高，員工才會感受到自己在企業的重要作用。具體來說，員工的薪資、福利、人文的關懷等都是他們最基本的利益要求，管理者要站在員工的角度，圍繞員工最現實、最關心、最直接的利益認真落實，扎扎實實為員工辦實事。

　　尊重每一位員工，與他們同甘共苦，並能勇於承擔責任。儘管企業領導者與員工是管理與被管理的關係，但是人與人的交往，最基本的是平等與尊重。優秀的管理者都十分重視這種平等精神，給予員工充分的尊重，準確地掌握並合理地安排員工，使企業上下齊心，共同為企業的發展謀求出路。同時，一個優秀的管理者，一定要學會站在員工的角度思考問題，要能

與他們同甘共苦。要第一時間告訴他們企業所遇到的困難，尋求他們的幫助；成功時與他們一同慶祝，讓他們體會到付出得到了收穫。同甘共苦，也就是讓員工明白，自己是企業不可或缺的一部分，他們與企業的利益和發展不可分割。在這種意識下，員工就會不自覺地承擔起責任。不僅如此，身為一個管理者，還要能勇於承擔責任。自己把責任承擔起來，肯定員工的努力，員工的工作熱情會得到激勵，會心存感激，會感覺遇到了好老闆，在以後的工作中，會更加努力，自我要求會逐步提高，你所期望的一個自律積極的團隊就會悄然產生。

營造寬鬆的工作氛圍，讓員工感覺到家的溫馨。如果員工的工作壓力本來就很大，每天還要面對嚴肅的指責和批評，那麼肯定是不利於工作的。身為管理者，要關心每一位員工，對部下和員工親切友善，為他們營造一個寬鬆和諧的工作氛圍。總經理對部下和員工若能親切隨和、笑容可掬、不擺架子，就會使他們感覺他們的總經理很有「人情味」，進而敢向他訴說內心的想法，敢真誠地溝通，這樣既讓管理者了解了員工的真正想法，也能提早謀劃公司的發展。當管理者做到這點時，員工無形之中感受到了自己的重要性，會積極地發揮創造性，提出一些更好的建議和意見，對大家的共同利益「知無不言，言無不盡」，為企業的發展共同努力。

第六節　「貪財，怕死，愛面子」

除了心存感激還不夠，還必須雙手合十，以拜佛般的虔誠之心來領導員工。

—— 松下幸之助

企業管理者一定要樹立三大目標，第一目標：賺錢；第二目標：惜命；第三目標：留名，即「貪財、怕死、愛面子」。發展企業要賺錢，那是天經地義的事情，這也是創業的目的。但是，僅有賺錢的目標還不夠，還要惜命。只要命在，什麼都可以賺回來，因此，企業賺錢重要，命更重要。除此之外，還要留名。一個優秀的企業管理者帶動的不僅是自己的企業，甚至是一個行業，一個產業，贏得公眾的尊敬，留下很好的口碑。

「貪財」：企業管理者要貪財，但要貪到合理的地步，不能過分，這就叫賺取適當的利潤。賺取適當的利潤，是企業管理者的第一大目標。企業只有賺到錢，才能夠長足發展。如果不賺錢，就會造成資源的浪費，對企業、對員工都是不負責任的表現。

「怕死」：怕死有什麼不好呢？如果一個人不怕死，那才叫可怕。企業管理者要明白，要成就一番事業，要使企業不斷壯大，有很多事情要做，事情還沒有做完，不可以死。為了順利完成自己的理想，首先要把自己的生命保住；其次，不能為了企業而廢寢忘食，搞垮了自己的身體。企業管理者要隨時注

意自己的健康，保證有一個健康的體魄和旺盛的精力，要在企業管理中學會勞逸結合，學會授權，切不可讓「過勞死」找上自己。

「愛面子」：愛面子有什麼不好呢？如果一個人連面子都不愛，那還會愛什麼東西呢？愛面子的人，也就是要臉的人，這種人必然非常重視自己的聲譽。做人要留下好名聲，企業總裁當然也不例外。經營企業的人，必須重視商譽，必須講究信譽。企業總裁一定要時常進行市場調研，探索顧客的需求，依循公眾的心聲來經營。同時，身為企業的管理者，總裁要主動關心社會，回饋社會。雖然「做企業不是做慈善」，但是，也不能完全不做，至少可以多做有益於社會的事。同時，總裁要不斷地提升個人品牌，讓自己的個人修養滲入企業文化中，滲入員工的心中。

一個好名聲，其實就是個人品牌，個人品牌的影響力非常大，它可以讓公眾透過個人品牌了解企業，了解企業的產品。如果給公眾留下了好名聲，企業產品就比別的產品可以更先進入人們的腦海中，進而創造出可觀的利益。因此，總裁要隨時留意自己的名聲，確保自己的聲譽。企業的商譽固然要緊，但總裁個人的名譽也至關重要。

◆ 總裁智慧錦囊一、松下幸之助的管理哲學

當我的員工有 100 名時，我要站在員工前面指揮；

當員工增加到 1,000 人時，我必須站在員工中間，懇求員工鼎力相助；

當員工增加到 10,000 人時，我只要站在員工後面心存感激即可。

這就是松下幸之助的管理哲學。短短數語，道破了企業管理的真諦 —— 企業管理，重在人的管理。正如他所說：「企業即人，成也在人，敗也在人。」只有充分尊重員工，注重人的管理，企業才會得以生存。

在企業經營領域，有相當多的人主張人本管理，松下幸之助就是一個成功的典型，他把具有濃厚日本特色的人本管理信念和方法發揮到了極致。

松下幸之助經營思想的一大特色，就是闡述人生的微妙，並提出了順應自然人性的企業經營觀。基於這一觀點，他的整個經營思想都是建立在對人性的了解和對自然法則的掌握之上。松下幸之助認為，企業說到底是「人」的事業，企業經營和管理的每一個環節都離不開人，因此，企業的經營理念和管理方法，都必須要以人性為出發點。他的「人類是萬物之王」的觀點，可以說是松下集團持久不衰的重要法寶。

正是源自於他的這一觀點與理念，松下集團本著尊重人、關心人、信任人，並努力滿足人的需求，充分發揮人的主觀能動性，使人能夠自我實現、自我發展的理念來經營企業。松下

幸之助強調，松下公司的最大產品是人。他認為，好的企業，應該在出產品前先出人才，在製造產品前先培養人才，「造人」先於「造物」。

　　為了讓松下的員工都能夠意識到人性的本質和責任，松下幸之助為公司制定了一整套精神法則：產業報國；光明正大；親愛精誠；奮鬥向上；禮節謙讓；順應同化；感恩報德。松下公司的綱領是：「徹底了解產業者的使命，謀求社會的改善及進步，進而貢獻於世界文化。」松下公司的信條是：「唯有全部員工和睦相處，共同協力，才有進步和發展可期，全體員工應本著至誠，團結一致，為社務盡力。」

　　正是松下幸之助的人本觀念，充分尊重每一位員工，松下集團自誕生以來，才得以不斷地發展壯大，展現出欣欣向榮的景象！

◆ 總裁智慧錦囊二、寬容和理解下屬的盛田昭夫

　　盛田昭夫是日本索尼公司的創始人，被譽為「經營之聖」，與被譽為「經營之神」的松下幸之助齊名。在經濟界中，是企業家學習的榜樣。

　　盛田昭夫也認為人才是使企業獲得成功的祕訣，除此之外並無任何祕訣和不可言傳的公式，不是理論，不是計畫，也不是政府政策。他衡量一個主管的才能，主要是看他是否組織大量人員；看他如何最有效地發揮每一個人的能力，並且使他們

齊心協力，協調一致；看他是否真心誠意待人。在他看來，錢並不是最能有效發揮人的作用的工具。應該把他們融為一家，對待他們像對待自己的家人一樣。

為了營造融洽的氛圍，索尼公司的高級主管沒有自己的辦公室，包括分廠的廠長也沒有，他們和員工在一起辦公。這樣的措施，是為了消除大家的等級隔膜，使上下融為一體，互相接受和尊重。按照盛田昭夫的理念，索尼公司要求每個管理人員都能和員工一道，使用同樣的設施。為了進一步使上下級的關係更融洽，盛田昭夫還經常帶頭執行。有一段時間，他甚至幾乎每個晚上都和中下級主管一起吃晚飯，有說有笑，一直聊到很晚，溝通非常愉悅。

盛田昭夫的做法，就是讓管理人員放下「官架子」。如果一個管理人員總是擺著「架子」不放，即使再有學問、再有權勢、再有本事的人，員工對你也是敬而遠之。遠則疏，員工就不會把自己內心的真實想法與管理層溝通。因此，如果管理者不懂得尊重員工，不知道心疼下屬，一味地讓員工尊重自己，這樣必然會導致溝通障礙，對企業有百害而無一利。

索尼公司非常關愛下屬，他們認為解決下屬的後顧之憂是調動下屬積極性的重要方法。盛田昭夫強調管理人員要善於摸索情況，對於下屬，尤其是生活較困難的下屬，其家庭情況要心中有數，時時給他們安慰、鼓勵和幫助。這樣做無疑會使員

工心存感恩，所謂「知恩圖報」是人之常情，在員工危難之時伸一下援手，員工必將以百倍的努力回報你。

因此，索尼的成功，無疑是盛田昭夫強調的以人為本的管理理念的成功。正是因為尊重員工，寬容和理解下屬，才使員工緊密地團結在索尼公司旗下，為索尼的發展壯大不斷貢獻自己的力量。

第二章　績效管理
── 實現績效的突破

績效管理作為一種管理思想和方法論，其根本目的是不斷促進員工發展並改善組織績效，最終實現企業策略目標。在當今高度複雜、持續變化的環境中，企業人力資源是提升企業競爭力、維護企業競爭優勢的重要泉源。一個成功的企業，一定有一支高績效的工作團隊。唯有能夠同時提升組織績效和促進員工發展的績效管理，才是高效的績效管理。

第一節　績效的本質是什麼

　　管理就是界定企業的使命，並激勵和組織人力資源去實現這個使命。

　　界定使命是企業家的任務，而激勵與組織人力資源是領導力的範疇，二者的結合就是管理。

—— 彼得·杜拉克

　　在現代企業管理中，績效管理已經成為管理必不可少的一個手段。透過績效管理，可以不斷提升員工的工作品質，提高企業的產出效益。績效管理的主要目的就是透過設定科學且合理的組織目標、部門目標和個人目標，為企業員工指明努力方向。同時，管理者透過績效輔導溝通，及時發現員工在工作中存在的一些問題，為員工提供必要的工作指導和資源支持。而員工則在工作態度和工作方法上得到改進，促使績效目標得以實現。

在績效管理中，企業透過績效考核評價，對個人和部門的階段工作進行客觀、公正的評價，讓個人和部門都明確知道各自對企業的貢獻。在這個過程中，企業透過多種方式，激勵高績效的部門和員工繼續努力提升績效，同時督促低績效的部門和員工找出差距和存在的問題，進行績效輔導，進而改善績效。在績效反饋階段，企業管理者經由與未完成績效目標考核的員工進行充分的溝通，激勵員工找到自己身上的問題，努力達到績效目標，這就是績效溝通。如此循環，透過績效管理，組織和個人的績效就會得到全面的提升。

到年底了，某製造企業的老闆開始犯愁，這獎金到底該怎麼發？年初為了激勵員工，老闆曾經許諾員工，只要大家好好做事，年底的時候一定給大家發年終獎。

可這僅僅是一句話，人事部在績效管理工作上一直沒有任何計畫，一直拖到了年底，老闆連基本的績效考核表都沒有見到。現在，員工都等著兌現承諾，可是，年終獎的發放以什麼為依據呢？員工能力有高有低，工作態度有好有壞，總不能平均發放吧？這樣會打擊員工工作的積極性的。

於是，老闆還是決定透過考核來區別員工的差異，根據考核結果來分發獎金。於是，老闆要求人事部必須在半個月內拿出年終績效考核方案，否則人事部所有員工的年終獎停發。

面對老闆的強壓政策，人事部群策群力，上網找了很多資

料，最終「合成」出了一份績效管理方案。整個績效方案的核心內容就是幾張表，工作數量、工作品質、工作態度、遵章守紀等內容就成為考核員工的標準。為了保證程序公平，人事部同時設置了複雜的打分程序，每個人都按照上級、同級、下級等屬性和指標來打分數。整個人事部忙了一個月，終於完成了年終考核。

可是結果呢，員工對人事部的考核一片怨言。

上述案例中，公司沒有制定詳盡的績效管理計畫，導致員工的績效考核引起了員工的不滿。績效管理的第一步，就是要制定合理的績效計畫，這是績效管理的基礎環節。沒有制定合理的績效計畫，就談不上績效管理。績效輔導溝通是績效管理的重要環節，這個環節工作不到位、不切實，績效管理將不能落到實處。績效考核評價是績效管理的核心環節，這個環節工作出現問題會給績效管理帶來嚴重的負面影響。績效結果應用是績效管理取得成效的關鍵，如果對員工的激勵與約束機制存在問題，績效管理將不可能取得成效。上面的這個案例中，公司既沒有制定合理的績效計畫，更沒有績效輔導與溝通，所以績效管理只是口頭的一句空話。這樣的績效考核，必然會出現很多問題，不能真正達到績效管理的目的。

績效管理在人力資源管理中處於核心地位。首先，組織的績效目標是為公司的發展策略服務的，績效目標要體現公司發

展策略導向。其次，績效考核結果在人員配置、培訓開發、薪酬管理等方面都有非常重要的作用，所以，一旦績效考核缺乏公平公正性，那麼各個環節的工作都會受到影響，績效管理也就不會落到實處。

同時，績效管理的制定也並不僅僅是企業管理層的一方參與。績效管理強調的是企業目標和個人目標的一致性，強調企業和個人同步成長，以形成「多贏」局面，績效管理實際體現的是一種「以人為本」的思想。所以，在績效管理的各個環節中，都需要管理者和員工的共同參與。

「企業＝產品＋服務，企業管理＝人力資源管理，人力資源管理＝績效管理」，這是摩托羅拉（Motorola）對管理與績效管理的一個觀點。從這個定義可以看出，績效管理在摩托羅拉公司是非常重要的。正是因為企業的重視，摩托羅拉的績效管理才開展得好。

績效管理是一個不斷進行的溝通過程。在摩托羅拉的績效管理中，管理者和員工在員工應該完成的工作、員工的工作如何為組織的目標實現做貢獻、用具體的內容描述怎樣才算把工作做好、管理者和員工如何才能共同努力幫助員工改進績效、如何衡量績效和確定績效的障礙並努力克服等幾個方面達成一致。

從摩托羅拉績效管理來看，摩托羅拉是將績效管理上升到

了策略管理的層面，並給予了高度的重視。績效管理關注的是員工績效的提高，而員工績效的提高又是為組織目標的實現服務的，這就將員工和企業的發展綁在了一起，一榮俱榮，一損俱損。同時也將績效管理的地位提升到了策略的層面，策略地看待績效管理，策略性地制定績效管理的策略並執行。同時，摩托羅拉的績效管理還特別強調員工和管理者的合作夥伴關係，這種改變，不僅僅是觀念上的改變，而且是一種創新，員工得到了更大的自主和民主，也在一定程度上解放了管理者的思維。這種績效管理模式，使管理者和員工之間的關係更加和諧，也會在工作上互補提升，共同進步，這正是績效管理的最高目標。

　　無論企業發展處於哪一個階段，績效管理對於提升企業的競爭力都有巨大的推動作用，因此，進行績效管理是非常必要的。特別是對於那些處於成熟期的企業，績效管理尤為重要。如果沒有有效的績效管理，組織和個人的績效將得不到持續提升，組織和個人就不能適應殘酷的市場競爭，最終會走向沒落。因此，衡量和提高組織、部門以及員工個人的績效水準，是企業經營管理者的一項重要常規工作，因為企業和個人的績效水準，將直接影響企業的整體運作效率和價值創造。所以，構建和完善績效管理，是一個優秀的企業管理者應該思考的問題。

第二節　企業的成功，離不開高績效團隊

如果我用個人的能力，可以賺 1 個億，可能 100％ 是我的；我用 10 個人的時候，我們可以賺到 10 個億，可能我只有 10％，我同樣是 1 個億，但我們的事業變大了。

—— 知名企業家

一個成功的企業，一定有一個高績效的團隊。一旦脫離了團隊，即使個人取得了成功，長久下去，對企業的發展也沒有好處。所以，一個優秀的企業管理者，不應該是單槍匹馬闖蕩，不應該只顧自己勇猛直前、孤軍深入，而更應該帶領手下共同前進，靠團隊的力量來實現自己對事業的追求。

高績效團隊是才能互補、有共同目標、有強烈凝聚力的少數人員的集合。團隊的核心是共同奉獻，沒有這一點，團隊只是鬆散的個人拼湊，而無法凝聚成一股力量。在那些成功的團隊中，每個成員都承擔著同等數量的工作，所有的成員，包括團隊中的領導者在內，都要以具體方式為團隊的工作成果貢獻力量。這是推動團隊取得業績的一個非常重要的因素。當人們為了共同的目標在一起工作時，信任和承諾會隨之而來，一個擁有強烈集體使命感的團隊就會產生。一個公司能夠在實力超群的競爭者中脫穎而出，絕對是與高績效的團隊分不開的。

唐僧、孫悟空、豬八戒和沙僧，他們四個人就是一個高績

效團隊典範。他們分工不同，卻相互協調融合，為了到達西天取到真經這個共同的目標，有著互補的知識和技能。唐僧是一個協調者和完美主義者；孫悟空既是推進者，又是創新者，還是一個消息掌握者；豬八戒就是一個監督者；而沙僧則是一個實踐者和凝聚者。他們協同工作，解決問題，最終到達了西天，取得了真經。因此，一個高績效團隊的成員，一定是經過精心挑選的，而合理分配職位也至關重要。

那麼，一支高績效的團隊有哪些特徵呢？

第一，要有清晰的目標。高績效的團隊對於要達到的目標有清楚的了解，並堅信這一目標包含著重大的意義和價值。不僅如此，這種目標的重要性還激勵著團隊成員把個人目標昇華到群體目標中去。在高績效的團隊中，成員願意為團隊目標做出承諾，清楚地知道希望他們做什麼工作，以及他們怎樣共同工作最後完成任務。

第二，每個成員都要有相關的技能。高績效的團隊一定是由一群有能力的成員組成的。他們具備了實現理想目標所必需的技術和能力，而且這些成員具有良好合作的個性品質，能夠在有限的資源之下，創造出最佳的績效。

第三，要有廣為認同的團隊文化。高績效團隊的核心價值觀是以人為本，重視團隊中人的積極性和能動性，始終堅持把提高人的素養和實現團隊目標的統一作為團隊的重要任務來負

責執行；培養團隊員工的主角意識、企業價值觀和道德意識，樹立「團體興亡，人人有責」的意識；團隊領導者重視團隊整體物質環境和精神環境的管理，創造良好的文化氛圍，培養員工的群體合作意識。同時，高績效團隊也是一個不斷學習的團隊，團隊文化中善於學習也是必不可少的一項。

第四，有良好的溝通。高績效團隊的成員之間，良好的溝通是非常重要的一個特點。群體成員透過暢通的管道交換訊息，包括各種語言和非語言訊息。此外，管理層與團隊成員之間健康的訊息反饋也是良好溝通的重要特徵，有助於管理者指導團隊成員的行動，消除誤解。就像一對已經共同生活多年，感情深厚的夫婦那樣，高績效團隊中的成員能迅速準確地了解一致的想法和情感。

對於一個企業的管理者或領導者來說，真正意義上的成功並不是個人的成功，而是團隊的成功。因此，一個優秀的企業一定有一個高績效的團隊，一個優秀的企業管理者一定要打造一支高績效的團隊，這是一個企業成功的前提。

第三節　人人參與，績效管理不只是管理者的事

單個的人是軟弱無力的，就像漂流的魯賓遜一樣，只有同別人在一起，他才能完成許多事業。

—— 叔本華

一棵樹要長成枝繁葉茂的參天大樹，它就會努力讓無數鬚根從主幹底部再往下延伸至四面八方，以充分吸取營養，那無數的鬚根，就是它的生命之源。只要所有鬚根都向主幹提供養料，這棵樹就會生機盎然。企業的績效管理正像一棵樹，企業是這棵樹的主幹，而員工就是供它生長的鬚根，是企業發展的生命之源。所以，績效管理不僅僅是企業管理者的事情，不僅僅是總裁的事情——績效管理是企業的管理者、直線經理、人力資源部、基層員工等所有人的事，每個人都在其中扮演相應的角色，各級員工之間持續的互動溝通才能確保績效管理獲得成功。只有員工人人參與的績效管理，才會真正達到管理的目的。

某公司實施考核已經半年多了，按理說績效考核工作也應該步入正軌。但是，這次企業開會的會議主題就是關於第三季度績效考核的問題。

考核時間都已經過去半個月了，還有一半的部門沒有打完分數。

會議上，老闆把矛頭直接指向了人力資源部經理，人力資源部經理解釋道：「績效管理並不是人力資源部一個部門的事情，主要責任在各個部門的經理，如果部門經理不重視，我們的催促是沒有作用的。現在各個部門都很忙，正是銷售旺季，所以大家把考核的工作暫時放下來，主要注意加強企業生產。」

老闆馬上接過話頭，批評道：「你這是在推卸責任。績效管理是你們人力資源部的職責，你們就是第一負責人，沒有完成任務，就是你們部門的責任。在這裡講什麼藉口呢？以後績效管理工作沒有做好，我就向你們部門問責。另外，三天之內，必須把績效考核工作全部完成。」

　　績效管理真的只是人力資源部的事情嗎？如果績效管理工作沒有做好，問責人力資源部就能解決問題嗎？績效是員工履行職責，為組織目標做出貢獻。而績效管理是指管理者和員工透過「持續對話」的形式把公司的策略、組織、績效和人結合起來，並進行系統化互動的過程。因此，績效管理不僅僅是企業管理者的事情，也不僅僅是某個部門的職責，而是企業所有員工的事。三天之內，人力資源部或許能完成績效考核工作，但是，這樣的考核肯定是不會達到績效管理的目的的。

　　企業管理者在績效管理中要全程參與，包括前期規劃設計到後期運行完善，要真正能做到引導企業營運、指導員工發展。企業一把手要參與策略目標、高層績效考核指標、績效管理流程的討論和確定，參與高層績效考核和面談，參與績效管理體系的分析和改善。但是，這並不代表，績效管理就僅僅是企業總裁或者管理者的事情。除了人力資源部的協調和統籌安排，積極與各部門經理進行有效溝通外，員工也應該人人參與。

　　員工是自己績效的主人，員工績效目標完成的好壞，與其

個人職業發展和經濟收益密切相關。因此，企業管理者要讓員工積極參與到績效管理中來。只要員工關心自己的績效，一方面他們就會努力學習公司的策略目標和績效考核導向；另一方面就能深刻理解各項考核指標的內涵，在考核指標的導向下不斷調整自己的行為，與經理保持持續對話，並且在經理的績效輔導下不斷獲得提升，把對績效的關注點從關注分數和薪資轉移到關注工作的完成和能力的提升層面上來。這樣的績效管理，就會提升整個企業的管理水準，使績效管理落到實處。

企業績效管理要做到人人參與，企業管理者一定要明白其中的重要內涵：

首先，企業的績效管理不僅僅是人力資源部門的事情，除了人力資源部總體的協調和統籌外，直線經理也是很重要的參與者。直線經理是真正的執行部門，他要把企業的總目標或者部門的目標進行分解下放，並結合績效結果進行有效的輔導和反饋，建立管理者與員工之間的績效合作關係，協調員工工作上的問題，從而進行績效改善。

其次，基層員工則是績效管理創造價值的最重要的執行者，人人參與的過程是一個既競爭又合作的過程，是一個人人得以提高的過程。培養良好的習慣、行為，作為一種共同的規範和價值取向，形成企業源源不斷的動力之泉。

第四節　合理的績效規劃，源於企業的策略目標

策略越精煉，就越容易被徹底地執行。

—— 花旗銀行董事長約翰・里德（John Reed）

　　一個企業的策略目標，是企業使命和功能的具體化，既包括經濟目標，又包括非經濟目標；既包括定性目標，又包括定量目標。各個企業各個部門都需要制定其策略目標，以促進企業的發展。而為了完成企業制定的策略目標，合理的績效規劃是必不可少的，它是促使企業和部門甚至每個員工完成策略目標的一種管理方式。績效管理是為企業的策略目標服務的，換句話說，合理的績效規劃源於企業的策略目標，績效管理的目的，是要促使企業的策略目標的達成。因此，企業要根據策略目標制定合理的績效管理規劃。要了解到績效管理的作用是幫助企業落實策略目標、幫助員工成長，不能僅僅把績效管理當成填表打分數。

　　隨著企業的現代化發展，傳統的績效評估方法已逐步被更科學的方法取代。不同的企業運用不同的方案來應對績效管理挑戰。有的公司使用了從下至上的方法，先設定崗位職責，然後設計績效管理的表格，最後透過提供使用表格的培訓來實施。而另外一些公司在設計績效管理系統的時候，會從策略的角度來考慮，但到了實施的時候，往往由於缺乏經驗而碰到很

多實際的困難。

有一家電子公司，發展十分迅速，但是，公司內部秩序卻十分混亂。

總經理要人力資源部經理改變這種現象，讓員工們明白什麼時候誰應該做什麼。人力資源部經理向好幾家人力資源顧問公司取經，那些顧問公司講解了他們自己在薪資、崗位分析和工作描述方面的方法。人力資源部經理最終選定了一家並推薦給總經理，總經理批准選用了這家顧問公司。

公司接下來花了大力氣來投資這些細節。但實際上，這些細節完全與這家電子公司策略相脫節，而公司策略在一開始就沒有界定清楚。員工不清楚哪些才是重要的，應該專注於哪些任務。員工和主管們盡最大努力提供工作描述所需要的訊息。後來，他們完成的崗位分析被用來修訂公司的薪資結構，公司又花了很多力氣來制定新的薪資計畫，並與員工進行溝通。但在實施的時候發現有很多指標沒有量化，因此，管理人員評估的時候帶有很大的主觀性。

最後的績效考核改變了公司的混亂嗎？答案是沒有。而且由於公司的策略目標仍然不清晰，各部門經理和員工仍然在朝不同的方向努力，沒有把勁使在一股繩上。而最後的績效考核達到了績效管理的目標嗎？也沒有，人力資源部經理得到了一個合理的薪資結構，但根本沒有達到按績效付酬的目標。所有

的努力都沒有達到想要的結果，薪資和崗位描述在公司的整個管理現代化工程中排得太早，沒有與公司的策略掛鉤。

因此，在制定績效管理方式以前，企業一定要制定能促進公司發展的策略目標。績效管理其實是策略實施的一部分，只有明確了策略目標，才能制定合理的績效管理。企業最好能夠非常有系統地設定公司層面上的目標，然後再把公司目標落實到下一級，落實到每一個員工，並在完成策略目標的過程中加強溝通。這樣，就可以根據明確的企業策略目標制定科學的績效管理方式，而科學的績效管理方式又反過來促進策略目標的實現。

一家生產型公司在過去幾年裡取得了飛速發展。公司的高級管理層想在中國擴大市場份額，增加對外出口量，於是在公司內實施了平衡計分卡的管理方法。

他們一起討論公司的策略並設定公司目標。他們應用平衡計分卡，首先設定了公司的策略目標、指標、目標值和行動方案，然後再按照縱向或橫向聯盟落實到下一層部門。部門之間確定它們互相合作的關係，並根據部門之間相互的溝通，將相關指標結合到部門的平衡計分卡中。這時再開始設定個人目標，並制定能力發展計畫。他們運用平衡計分卡的策略績效管理軟體，定期對績效進行追蹤。透過相互結合績效和浮動薪資的計畫，員工的積極性得以大幅提高。

這家公司的管理流程，先經過分析和重新設計，制定企業的策略目標，然後把策略目標轉化為關鍵任務，公司中的每一個人都明確知道自己該做什麼。這樣根據策略目標再制定科學的績效管理，就能充分調動員工的積極性，使員工不斷地成長，最終實現企業的不斷發展。

　　企業的策略目標一般包括盈利能力、市場、生產率、產品、資金、生產、研究與開發、組織、社會責任等方面的目標。那麼，如何制定企業的策略目標呢？

　　在制定策略目標之前，第一步，要進行策略分析，明確企業的使命、願景和價值觀，明確企業的策略定位和策略目標。第二步，為了把策略目標傳達給各級經理和員工，要規劃策略，形成公司層面的平衡計分卡。第三步，組織協同。把公司的目標與部門的目標以及部門與部門協同起來，形成部門級平衡計分卡。第四步，規劃營運。此時就進入了績效管理的執行環節，也進入了績效輔導環節。第五步，績效管理運行到一定階段的時候，進行營運分析和策略分析。在績效管理體系中，這個環節和績效面談結合得非常緊密，經理透過績效面談對員工的績效表現進行總結，幫助員工找出不足，在下一個週期內提升。最後，檢討與調整。企業需要結合環境的變化和對未來的思考，對策略定位進行調整。根據策略的調整，對下一年的策略目標和衡量指標體系進行調整，從而進入下一年的績效管理體系。

科學的績效管理在完成企業的策略目標中居於重要位置，起著承上啟下的作用，它可以提升組織績效，促進策略執行。因此，企業的管理者要把績效管理提升到企業的策略層面來思考和運作。

第五節　績效考核，科學的方法是關鍵

無法評估，就無法管理。

—— 管理學家瓊‧瑪格瑞塔（Joan Magretta）

績效考核在現代企業管理中非常重要，它是企業經營管理工作中的一項重要任務。科學的績效考核可以保障並促進企業內部管理機制有序運轉，可以實現企業各項經營管理目標。實施績效考核的過程，實際上是一個不斷發現問題、不斷解決問題的過程，也是一個不斷提高企業管理水準和員工工作效率的過程。

阿里巴巴創造了上千個百萬富翁，員工工作的氛圍非常輕鬆快樂。看似非常隨意，但實際上同樣有嚴格的績效考核：所有的員工，每季、每年都要參加業績、價值觀的雙重考核，各部門主管按「271」原則對員工的工作表現進行評估：20％超出期望，70％符合期望，10％低於期望。

在考核時，阿里巴巴員工首先進行自我評估，然後主管在

為員工考核時，要用實際案例來說明考核成績在 3 分以上或 0.5 分以下的原因。主管完成對員工的評估，同時跟員工進行績效談話以後，員工就可以在電腦上看到主管對自己的評價。同時，員工也可以隨時找 HR，反應考核中的問題。

阿里巴巴的管理、技術崗位都有自己的職級晉升通道，只要職級相應，不管是管理崗位還是技術崗位，待遇是一樣的。這樣，技術崗位的人才完全可以在技術領域內，不斷鑽研、晉級實現自己的價值，而不用想方設法去爭搶管理崗位。

阿里巴巴的內部溝通是非常通暢的。公開的總裁熱線、open 郵箱，都是員工反應問題的方式。員工可隨時致電、mail 給總裁，總裁會及時回覆。同時，員工可自由報名參加企業高管定期召開的圓桌會議，高管現場解答員工問題；即使不能當場解決，也會在一週之內制定行動方案，並且將問題及回覆情況及時在企業內網、內刊中公布。員工還可以在阿里巴巴的內網論壇中暢所欲言，提一些意見和建設，但是必須實行實名制，以對自己說的話負責。

科學的績效考核，使阿里巴巴的員工工作輕鬆，心情愉快，在這樣的氛圍下工作，自然會提升員工的工作熱情。績效考核採取全員參與的方式，透過自我評估和管理者評估的雙重方式，來達到對每一個員工的合理的績效考核。透過績效考核，企業可以得到員工工作績效的資訊，而這些資訊是企業進

行人力資源規劃的重要消息來源，以便進一步完善下階段規劃。

　　同時，績效考核也是決定員工調配和職位變動的依據。阿里巴巴透過全面、嚴格的考核，客觀、公正地評價員工的能力素養，合理地進行職位變動，這樣就能更好地徵聘、調配企業的員工。企業管理者及時公布考核結果，員工就能清楚自己前一階段的工作任務完成情況，了解自己工作過程中取得的成績和出現的不足，及時改進和提高自己的工作能力和工作效率。在考核的過程中，管理者可以對員工的工作優劣進行鑑別，一方面肯定員工的工作成績，指出長處讓其發揚光大，以增加員工的工作自信心；另一方面指出員工工作的不足，幫其找出差距，明確努力方向和目標。

　　不僅如此，企業可以根據績效考核的結果，根據員工的情況制定合理的培訓計畫，有的放矢地提高員工的工作能力；還可以根據考核情況確定員工的薪資報酬，使不同的績效獲取不同的待遇。合理的薪酬不僅是對員工勞動成果的公正認可，而且可以產生激勵作用，形成進取的組織氛圍，形成高效的工作團隊，促進員工的不斷發展。

　　阿里巴巴員工每季每年都要參加業績和價值觀的雙重考核，考核的過程也是上下級之間的一次全面溝通過程，這樣可以使上下級對考核標準和考核結果進行充分而有效的溝通。因此，科學的績效考核有助於組織成員之間傳遞資訊和交融感

情,同時有利於形成高效率的工作氛圍。透過溝通,員工相互之間的了解和合作可以得到進一步提升,這樣就更容易使員工的個人目標同組織目標達到一致,增強組織的凝聚力。科學的績效考核還可以促進員工潛在能力的發揮,透過績效考核,員工確定了對自己工作目標的評價,就很可能會努力提高自己的期望值。所以,績效考核是促進員工發展的人力資本投資。

績效考核方式一定要根據企業目標制定,要科學合理。怎樣的績效考核方式才是科學合理的呢?

首先,要制定科學的績效標準,克服績效考核中的主觀偏差。作為評價的依據,考核標準應當由管理者和下屬相互交流、協調溝通後共同制定,並且經過雙方同意。企業的管理者和員工都應該事先清楚、無歧義地了解績效標準。透過實施考核與評價,一方面使企業管理者了解員工的業績和要求,有目的地進行激勵和指導;另一方面使員工及時知道上級對自己的評價和期望,可以根據要求不斷改進和提高自己。

其次,要加強員工的參與度,提高考核的公平性。績效考核涉及每一個員工的利益,績效考核的結果和員工的薪酬、工作調動切實連繫在一起。因此,為了保證績效考核的公正性,就要使員工感受到績效管理和自己的切身利益是緊密相連的,從而提高員工參與績效考核和績效管理整個過程的積極性。企業在實施績效考核過程中,最好能形成規範的反饋流程和相關

的制度，使員工盡可能更早地知道績效考核的結果，作為以後改進工作和提升業績的依據。

　　企業的績效考核是一個系統的、動態的管理過程，只有科學的績效管理考核，才能促使企業目標的完成。而建立良好、有序、科學的績效管理系統，是一個長期的過程，需要企業管理者根據企業的目標，不斷地認識和了解企業的特點，不斷地加強各個部門和員工間持續有效的溝通才能實現。

第六節　實戰：績效管理中的常見迷思

你不能衡量它，就不能管理它。

—— 彼得·杜拉克

　　越來越多的企業開始意識到績效管理的重要性，或者企業自己動手做績效管理方案，或者請顧問公司做。但是，許多企業在實施的過程中，卻遇到了很多問題，企業花費大量的時間和心血制定了績效管理方案，做相關的理念和技能的培訓，可是在信心滿滿地推行方案時，遇到了很多難以想像的困難和阻力，導致無法推行下去，甚至會造成員工害怕、經理反感、人力資源管理部門傷透了腦筋的局面。

　　造成這種現狀的直接原因是企業管理方面的問題，最主要的原因是企業管理者在績效管理方面存在迷思，導致了績效管

理方面出現了方向性錯誤。

　　一家有 500 多人的製造企業，自己做了一套績效管理方案，因為在實施過程中出現了很多問題，使企業內部矛盾重重，上至管理層，下至員工，無一不怨聲載道。老闆看到這種情況後，請了顧問公司現場調研，發現問題主要矛盾產生在業務部門。企業的交期問題非常嚴重，按期交貨率不到 70%。因為採購、技術、生產、銷售各部門之間相互掣肘，市場波動又大，產能不足，生產管理無序，供應商管理不到位等問題，導致績效業績考核結果非常差。

　　原來公司在績效考核的過程中，公司出 50%，另外的 50% 由被考核者從原來薪資中拿出。因為業績相當差，考核的結果讓每一個人的薪水都比以前低了，即便是某一個部門運作很好，某些員工很優秀很努力，但由於其他部門的牽制，薪水照樣比以前低。可想而知，大家對績效考核的意見相當大，對企業的考核方法很有意見。而老闆提到考核，也覺得很困惑：

　　錢拿出不少，考核方案也花了很大力氣，就是為了提升員工的積極性，提高企業的業績。可現在，不但業績沒提上去，各部門之間相互抱怨，工作合作難度更加大，有的員工還鬧情緒。

　　在上述的案例中，企業對績效管理的認知是有迷思的。在企業老闆看來，績效管理的唯一目的，就是對員工的表現進行考核，然後打分數，和薪資、解僱等人事決策掛鉤，以為這

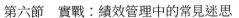

樣，就可以提升員工的工作效率，提升企業的業績。可事實卻恰好相反，員工工作熱情不僅受到打擊，企業的業績更是持續下滑。出現這種情況最直接的原因，就是因為企業在進行績效管理的時候，拋棄了企業的策略目標，只是為了考核而考核，根本沒有弄清楚績效考核也是為了企業目標服務的。企業設計出統一的考核表，在規定時間下發，再在規定時間收回，然後對員工進行強行分類。這樣把績效考核僅僅用一張表來量化，機械地操作，是不可能提升企業業績的。

把績效考核和績效管理等同，這是很多企業普遍存在的迷思。企業的管理者並沒有真正理解績效管理系統的真正含義，認為做了績效考核，也就做了績效管理。這種錯誤是非常嚴重的。考核是對管理過程的一種控制，績效考核核心的管理目標是透過了解員工的績效以及組織的績效，實現員工績效的提升和企業管理的改善。除此之外，還可以用於確定員工的晉升、獎懲和各種利益的分配，而不僅僅是一種確定利益分配的依據和工具，這會給員工造成一種負面的心理。

績效管理是企業管理者和員工之間持續的雙向溝通的過程，在這個過程中，企業管理者和員工應該就企業的績效目標達成一致意見，並要不斷進行績效輔導，幫助員工提高工作績效以完成工作目標。如果績效管理僅僅是績效考核，這之間就會缺乏溝通，阻礙績效管理的良性循環，這樣企業管理者和員

工在企業目標的認知上就會造成分歧，員工反感甚至反對就理所應當了。

　　企業管理者要充分意識到，績效考核只是績效管理的一個環節，必須將考核作為完整的績效管理中的一個環節看待，才能對考核進行正確的定位。績效考核僅僅只是對績效管理前期工作的總結和評價。如果管理者只把目光盯在績效考核上，雖然花了大量人力財力，但必然會造成績效低下、越來越糟的局面。完整的績效管理過程包括績效目標的確定、績效的產生、績效的考核，構成了一個循環。因此，績效考核首先是為了績效的提升。

　　除了把績效考核等同於績效管理以外，常見的績效管理還存在以下三個方面的迷思：

　　角色分配錯誤。企業的績效管理不僅僅是企業管理者和經理的事，也不僅僅是人力資源部門的事情，而應該人人都參與。很多企業在做績效管理時，往往認定是人力資源部門的事，雖然人力資源部對績效管理的有效實施負有責任，但絕不是全部責任。績效管理既需要企業管理者的推行和支持，又需要員工的積極參與。只有全員參與的績效管理，才會使企業目標落實。在不斷溝通與績效輔導中，每個人都完成績效管理的目標，既促進員工自我的成長，又提升企業的效益。

　　對考核週期的設置不盡合理。很多企業的績效管理，不但只

重視績效考核，而且一年才進行一次。其實說到底，這還是績效管理目的的問題。如果考核的主要目的是為了年終發獎金，或許這樣是可行的。但事實上，從所考核的績效指標來看，不同的績效指標需要不同的考核週期。對於任務績效的指標，可能需要在較短的時間內，對員工的業績進行一個審視和檢查，有利於及時地改進工作，避免將問題一起積攢到年底來處理。

而對於其他指標，則適合於在相對較長的時期內進行考核，因為這些關於人的表現的指標具有相對的穩定性，需較長時間才能得出結論。

忽視績效管理的改善功能和績效管理過程中的溝通。很多企業只重視了績效考核的結果，而忽略了績效管理真正的目的。前面我們說過，績效管理是為組織目標的分解與落實服務的，透過分解組織的目標，形成每個員工的關鍵績效指標。員工可以在績效目標的指導下，在企業管理者的幫助與績效輔導下，透過培訓，不斷地獲得知識，不斷地發展。也就是說，績效管理的根本目的在於透過上下級之間持續的對話過程幫助員工和組織一起成長。如果員工個人的能力提高了，參與的熱情增長了，企業的業績也就會提高。

因此，在實施績效管理之前，企業管理者必須要弄明白績效管理的目的、意義、作用和方法，以免如上述案例中的企業一樣，得不償失。

第三章　控制資源

── 最大化地利用資源

如何最大化地利用企業資源，是企業資源管理中一個非常重要的內容。企業資源管理的基本任務，就是要實現企業資源的有效利用，使企業的有限資源為企業帶來更好的效益。身為一個企業的管理者，對企業資源的有效管理，不僅能夠實現企業的經濟效益，還有利於增強企業經濟實力，發揮企業優勢。

第一節　優化時間資源，提高工作效率

不能管理時間，便什麼也不能管理。

—— 彼得·杜拉克

對於企業來說，時間就是金錢，效率就是生命。不管公司的大小，都會無一例外地面臨效率這個問題。高效率是所有企業追求的目標。身為企業管理者，各方面的事情繁雜，但又不能不處理，如何在短時間內以最快的速度做完這些事，最大化地提高效率，這是每個管理者所面臨的問題。

一個企業的運行效率優於行業平均水準，就能獲得長足發展，如果低於行業平均水準，將很快被激烈的競爭淘汰。

工作效率差被認為是很多企業失敗的一大主要原因。工作效率差，但又想把企業做大，所以總感覺到時間不夠，於是招更多的人，但由於辦事不當，工作沒有計畫，缺乏條理，反而浪費了大量員工的精力和體力，卻還是不能提高工作效率。

其實，提高效率的首要目標就是合理運用時間。時間，不能再生，但卻可以透過合理的利用來加以延長，即縮短無效時間和補充有效時間。企業管理者要提高效率，首先要懂得贏得時間，必須養成即時處理事務的作風，盡可能地做到優化時間。

一家中型製造企業的 CEO 感覺被工作壓得越來越喘不過氣來，這讓他在面對競爭者時總覺得力不從心。他看上去風風火火，每當有人和他談話的時間長一點，他就會伸手看錶，暗示自己時間很緊迫。他公司的業務的確做得很大，但是，開銷更大。他在安排工作時，經常七顛八倒，毫無秩序可言。他做事的時候，也常常被雜亂的東西所阻礙，經常是一件事情做到一半就開始做其他的事情。這位總裁工作沒有條理，卻只是一味地督促員工做得快些，於是，在他毫無條理的指揮下，員工們的工作也常常混亂不堪。長期這樣，員工們做事也非常隨意，有人在旁邊督促時就認真做，沒有人督促時便敷衍了事，得過且過。這位總裁呢，卻總覺得時間不夠，什麼事情都需要他親自過問，沒有時間思考企業發展的方向。

上述案例中的這位總裁，明顯就是沒有合理優化時間。一個成功的企業工作井然有序，即使企業規模再大，也保持著高效率。而一個失敗的企業，就會辦事不當，工作毫無計畫，相同的工作卻要比其他企業付出更多的財力與人力。案例中的總裁就是做事沒有計畫，沒有提前對時間進行合理安排，什麼都

要管，不分先後，不分主次，這樣混亂的管理，即使累死，也必然導致企業的失敗。

　　有的人覺得時間太少不夠用，有的人卻將時間安排得有條不紊，在較短的時間內創造出最大的價值。其實時間對每個人都是平等的，就看你如何去把握它、利用它。管理時間的最高境界就是操縱時間。操縱時間可使你擺脫時間的束縛，靈活地運用時間，從而獲得最大成果。

年　　月　　日，周四			
按 ABC 分類	起止時間	今日事項，要事第一 （A類最重要；B類重要；C類次重要）	做到打√
		周績效評估會議（2 小時）	
		某地市代理商來參觀公司（1 小時）	
		新產品新聞發布會（3 小時）	
		知名記者專訪（1 小時）	
		某大客戶到訪（2 小時）	
		核心員工離職（2 小時）	
		與部門負責人開會（2 小時）	
		電話溝通某片區工作（1 小時）	

圖 3-1　用 ABC 法則為自己管理時間進行內化（小測驗）

　　圖 3-1 提出用 ABC 分類法來優化時間，把一天的時間劃分開來，按照最重要的事情、重要的事情和次重要的事情來合理安排。這樣提前計劃好，做出相應的規劃，不至於面對事情時混亂而毫無頭緒。

所以，我們看到成功企業的領導者從來都是忙而不亂的樣子，做事鎮靜、有條有理。這樣的領導者，樣樣事情辦理得清清楚楚，這種富有條理、講求秩序的作風，會影響到整個公司。於是，整個公司的工作都極有效率。員工們也都能合理地優化時間，各種事情都安排得有條不紊，各種事物也安排得恰到好處，力爭在有限的時間裡創造出最大的價值。

那麼，面對每天繁忙的生活、紛繁的事務，企業管理者究竟該如何安排時間、管理時間呢？

◆ 1. 善於把複雜的事情簡單化，以提高時間效率

企業管理者要具有化繁為簡的時間運籌能力，把複雜的事情簡單化，就可以節約更多的時間，提高時間效率。具體來說，包括以下兩個方面的內容：

（1）善於掌握主要矛盾，合理安排順序。企業管理者要能夠在紛繁複雜的事物中，掌控主要環節和主要矛盾，疏通各個環節，使複雜的事情變得清晰而有脈絡可尋。然後按照事情的輕重緩急，按順序進行排列，從而在最短的時間內解決問題。

（2）善於簡化不合理的工作程序。企業管理者往往會面對各種排成隊的問題。如果什麼事情來了解決什麼事情，事無巨細，一律解決，時間長了就會導致數量眾多的小事淹沒了十分重要的大事，既浪費了時間，又沒有解決真正的問題，因小失大。因此，要簡化一些不合理的程序，提高時間效率。

◆ 2. 善於授權，借用他人的時間

企業管理者要懂得授權，讓每一個員工都參與到企業管理中，同時分散自己的工作，節約自己的工作時間。一個人做十件事和十個人做十件事，效率的高低自然明瞭。但授權一定要確定好授權的內容，同時要選好人，企業管理者要清晰地把自己的想法傳達給被授權的人，還要在授權的過程中做好監督工作。這樣才能充分利用他人的時間，既優化了時間，又鍛鍊了下屬的能力。

第二節　運用 ABC 法則優化時間資源

企業管理者如果要提高工作效率，必須優化資源，遵循要事第一的原則處理事情。

—— 奇異公司 CEO 傑克・威爾許（Jack Welch）

有這樣一個故事：從前有兩兄弟，看到天上飛行的大雁，於是準備把它射下來。哥哥一邊彎弓一邊說：「把雁射下來後煮著吃。」弟弟忙爭著說：「鵝才適宜煮著吃，雁要烤著才好吃。」哥哥聽了以後不同意，於是兩人爭吵了起來，最後不得不到一個長者那裡去評理。於是長者建議他們把雁剖成兩半，一半煮著吃，一半烤著吃。於是兄弟倆都同意了，可是當他們回到看見大雁的地方時，大雁已經飛走了。

上面這個故事告訴我們，無論做任何事都應該有個輕重緩急，在特定的時間內，必須首先要解決最重要、最緊迫的事情。就像故事中的兄弟倆，對他們來說，把大雁射下來才是第一要緊、第一重要的事情，但是他們卻把怎麼吃當成了最重要的事情，導致兩手空空的結局。

企業管理更應該如此，企業管理者每天要面臨許多的事情，先處理什麼事情、先解決什麼事情尤其重要，因為這樣可以提升辦事效率。所以，企業管理者在處理事情時，一定要分清主次緩急，掌握要事第一的原則。

奇異公司前 CEO 傑克·威爾許曾經說：有人告訴我，他一週工作 90 個小時，我會說，你完全錯了，寫下 20 件每週讓你忙碌 90 個小時的工作，仔細審視後，你將會發現，其中至少有 10 項工作是沒有意義的，或是可以請人代勞的。這充分說明，企業管理者如果要提高工作效率，必須優化資源，遵循要事第一的原則處理事情，否則就會陷入紛繁複雜的事情，每天累得要死，卻不知道自己到底在忙什麼，企業也沒有任何起色。事有先後，用有緩急。只有把問題的輕重緩急分清，找到其中最迫切需要解決的問題，並集中力量解決它，企業管理者才會做出正確的決策。

美國伯利恆鋼鐵公司總裁也正是因為遵循了要事第一的原則，才挽救了企業。

公司瀕臨破產，於是總裁向效率管理大師艾維利諮詢求助。聽了總裁一個多小時的傾訴，艾維利告訴他一個方法，並且要求如果該方法有效的話，需要支付高達 2.5 萬美元的報酬。當時該企業的總裁已經焦頭爛額，就答應了艾維利的要求。於是，艾維利拿出一張白紙給他，要求總裁把第二天要做的事情全部寫下來。一會兒總裁就在白紙上記錄了幾十項要做的工作。

　　然後，艾維利讓總裁認真思考，並按事情的重要順序，分別從「1」到「6」，標出 6 件最重要的事情，並且告訴他，從明天開始，每天一開始就全力以赴地做好標記「1」的事情，直到完全做好之後，再做標為「2」的事情，以此類推，直到下班為止。艾維利還告訴總裁，如果這個方法有效，就將此方法推行給其他高層管理人員，如果還有效，就繼續向下推行，直到每個員工都能這樣做。

　　一年以後，艾維利的方法在伯利恆鋼鐵公司產生了巨大的效果，企業漸漸復甦，進入了良性循環。作為諮詢的報酬，他也如願收到了一張來自伯利恆公司的 2.5 萬美元的支票。

　　這就是著名的「六點優先工作制」方法。艾維利認為，一般情況下，如果人們每天都能全力以赴完成六件最重要的事，那麼他一定是一位高效率人士。因此，「要事第一」是我們獲取成功的重要法則。特別是企業管理者，面對每天繁重的工作，做到要事第一，既見樹木又見森林是十分重要的。

要事第一：運用ABC法則進行內化

A類最重要內化	B類重要內化	C類次重要內化
自己做	壓縮做	延期做、不做或授權做

如何判斷A類最重要的事?

第一，帶來最大內化價值；　　　第一，假如今天只做一件事，那是什麼?
第二，不做就沒有機會了；　或　第二，假如今天只做兩件事，做哪兩件?
第三，別人不能替代的內化　　　第一，假如今天只做三件事，做哪三件?

圖 3-2　要事第一：運用 ABC 法則進行內化

　　凡事都有個輕重緩急，在特定的時間裡，必須首先解決最重要、最緊迫的事情。從圖 3-2 可以看出，我們可以把事情分為三類：A 類為最重要並且緊急的事情，這需要自己親自立刻去做；B 類為重要的事情，只要是一沒有前一類事的壓力，就應該當成緊急的事去做，而不是拖延 —— 不過可以壓縮做；C 類為次重要的事情，緊急但不重要，只有在優先考慮了重要的事情後，再來考慮這類事。人們常犯的毛病是把「緊急」當成優先原則，其實許多看似很緊急的事可以拖一拖，甚至不辦也無關大局。所以這類事情可以延期做、不做或者授權給其他人做。這就是要事第一的 ABC 法則。

根據 ABC 法則，我們可以確定哪些事情最重要，需要立刻處理；哪些事情可以放一放。重要的事先做，要事第一。把事情按照輕重緩急的程度，分類分批次地去做，這樣，就算沒有完成預定的任務，那麼也是一直在做最重要的事，而不會被一些瑣碎、不值得浪費太多時間的小事耽誤了。

那麼，如何判定哪些事情是 A 類呢？從圖 3-2 我們可以看出，那些為企業帶來最大內化價值的事情，不做就再也沒有機會的事情，別人不能替代的事情或者關係企業未來發展的事情，都為 A 類事情。每個人在不同時期、不同階段都有不同的第一要事要做。

平庸的管理者，把急事放在第一，總是忙忙碌碌，淪為壓力的奴僕。

卓越的管理者，把要事放在第一，才能從容不迫，成為事業的主人。因此，為了提高效率，企業管理者要懂得要事第一的原則，分清緩急，區別主次，最大化地利用時間，優化資源。

第三節　養成排序的習慣，按順序完成任務

管理人員在確定目標時，必須考慮目標的三個方面：優先次序、時間和結構。

——《管理學基礎：職能、行為、模型》

總裁是企業的靈魂人物，每天要處理很多事情。但是，有的總裁過得輕鬆，而有的總裁卻總是忙得焦頭爛額。很多總裁做事時不得要領，只會按部就班地做事，不會正確地做事。很多人在做完了一天的許多事情之後，才發現最重要的事情還沒有做。因此，做事的訣竅，就是遵循要事第一的原則，把一天要處理的事情按順序排列好，按順序做事，先做那些非常重要的事情，而不是不分主次一通亂做。

　　有一個大學教授，把鵝卵石一個個放到一個廣口瓶裡，直到再也放不下為止。於是，他問學生：「裝滿了嗎？」學生們看實在裝不下了，就齊聲說：「裝滿了。」教授不作聲，抓起一大把碎石子放進瓶子裡，碎石子從石頭的縫隙裡很快滲下去，一大把碎石子很快就裝進了瓶子。於是，教授又問：「裝滿了嗎？」學生們看實在裝不下了，就又說：「裝滿了。」教授又抓了一大把沙子，緩緩地往瓶子裡裝，沙子居然也全部裝進去了，直到填滿了所有空隙。教授又問：「裝滿了嗎？」學生們有了前兩次的教訓，齊聲回答：「沒有裝滿。」教授點點頭，又把一大瓶水緩緩倒進了瓶子。

　　然後教授問：「從這個實驗中你們明白了什麼？」

　　同學們七嘴八舌，有的說：「告訴我們不要自滿。」有的說：「我們需要學的東西還很多。」

　　教授緩緩地說：「我只是想告訴你們，應該先把鵝卵石放進去。」

這個故事就是告訴我們，要按事情的重要性和緊急性的不同組合確定處理的先後順序，做到鵝卵石、碎石子、沙子、水都能放到瓶子裡去。身為企業的管理者，無論工作有多忙，行程安排得有多滿，假如安排適當，還可以做很多事情。這就是要事第一、排序做事的好處。

　　因此，當你抱怨工作太多、太雜、太亂的時候，就應該考慮一下是不是沒有將事情做好排序，沒有安排好自己的工作。工作的有序性，體現在對時間的支配上要有明確的目的性。一些時間管理專家指出，一個人如果能把自己的工作內容明確地寫出來，然後按照事情的輕重緩急排好序，便能很好地進行自我管理，使自己的工作條理化，從而提高工作效率。

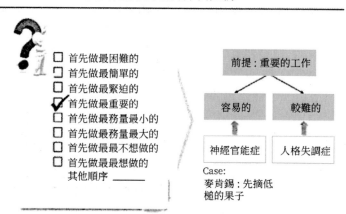

按內化順序完成各項任務

圖 3-3　按內化順序完成各項任務

從圖 3-3 我們可以看出，按順序完成各項任務，可以首先做最重要的事情，然後把重要的事情分為容易的和較難的兩個層次，做好排序，再進行具體事情的處理。所謂「先摘最低的果子」，就是先做重要事情中比較容易的事情，這樣可以工作更順手。這樣排序後，不僅使重要事情明晰，還使事情有條理，很大程度上節約了時間，提高了工作效率。只有明確自己的工作是什麼，才能從全局著眼觀察整個工作，防止每天陷於雜亂的事務中。只有安排好要做的事情的順序，明確辦事的目的，才能正確判斷個別工作之間的不同比重，弄清工作的主要目標，防止「眉毛鬍子一把抓 —— 事不分輕重緩急」，既浪費了時間，又出現工作混亂的場面，吃力不討好。

一般情況下，對工作日程排序要遵循以下原則：

首先，要以重要工作為中心。分清事情的輕重緩急，是讓人受益終身的好習慣，也是成就事業的必備素養。有些工作是關鍵的或者說是具有策略意義的重要工作，在安排工作排序時，應以這樣的重要工作為中心。

其次，要以當天的首要工作為一天的工作中心。有時候我們不可能在一天內做完全部的工作，此時，就要挑出那些必須在一天內完成的，並且中斷後就不太好做的工作首先完成，避免第二天花大量的時間去做同樣的事情。

再次，要善於歸納有關聯的工作，將瑣碎的工作歸納到一

起，這樣可以提高效率。

最後，按照自己的精力分配狀況排序。如果上午精力充沛，可以安排那些具有挑戰性的、富於創造性的工作；精神、體力都相對較弱的下午，可以做一些輕鬆點的工作。

總之，總裁要學會對企業的任務和責任按重要性排隊，既能有條不紊地完成工作，還能在高效率的運轉下，最大化地利用時間資源，帶動企業的不斷發展。

第四節　控制人力資源，降低企業成本

企業只有一項真正的資源，那就是人。

—— 彼得・杜拉克

隨著經濟的迅速發展，技術和管理也越來越進步，企業競爭的焦點開始由產品轉移到人才，越來越多的企業開始重視如何進行有效的人力資源管理，甚至把它視作企業生存與發展的重要策略目標。但也有不少的企業仍然沒有完整的人力資源成本概念，缺乏對人力資源成本的核算、分析和控制意識。仍然有不少的企業把成本管理的主要精力放在物耗成本的控制上，致使人力資源成本長期居高不下，造成資源嚴重浪費。不注重人力資源成本管理，就會直接對企業的經濟效益和競爭能力造成影響。因此，加強人力資源成本控制，顯得尤為重要。

一家加拿大化學工業企業計畫在印尼建一座工廠。人力資源部門開始從世界各地的分公司管理者當中尋覓負責印尼事務的主管。最後他們選擇了在委內瑞拉工廠技術部門工作多年的丹吉。丹吉畢業於一所名牌大學的化學系，極具專業性。於是丹吉上任了。

但是讓總公司始料未及的是，丹吉儘管極具專業性，但在管理上卻表現得非常拙劣，致使公司在印尼的投資陷入了被動。與委內瑞拉不同，他在印尼無法申請到經營許可證，無法解決與工會之間存在的分歧，甚至不能找到自己急需的人才。所以，工程被迫延期。雖然最後工廠還是投資，但是產品銷路的問題又出現了。公司在印尼的業務越來越糟糕，丹吉不得不在一片指責聲中下臺。

在這個案例中，丹吉的履歷表上到處都閃耀著光輝，但是，企業卻忽略了一個非常重要的問題，丹吉畢竟只是一名技術人員，他並不具備足夠的管理才能。他之所以在委內瑞拉表現優異，是因為他僅僅管理著一個技術部門，而不是整個公司。單憑員工以往的片面表現，就對他所具有的能力做出判斷，很容易導致人力資源成本偏高。

企業人力資源成本控制主要存在以下問題：

第一，缺乏人力資源規劃理念，人力資源成本支出的隨意性和盲目性較大。比如，沒有預測潛在的人力資源過剩或不

足，培訓開發等規劃支持不夠，造成人力資源成本控制不夠。

　　第二，人才高消費現象。比如有的企業片面追求高學歷，一些企業並沒有分崗位，而一般中專學歷或中職學歷就可以勝任的工作崗位，非要聘用大專生甚至大學生，造成現有和潛在的人力資源浪費，而高學歷必然要求高薪，這樣就增加了人力資源成本；還有的企業高薪聘請的人才，並不能創造同等價值。

　　第三，人才將就使用的情況也很多。本來需要綜合能力強的人才能完成的工作，卻降低用人標準，從而影響工作的品質、產量和效率。

　　因此，要控制企業成本，首先要優化人力資源，才能確保企業的活力與競爭力。身為一個企業的管理者，到底該如何優化人力資源，控制成本呢？

　　首先，要增強人力資源成本控制的意識。企業的人力資源成本控制不好，說到底是企業管理者的意識不強造成的。在人力資源管理的各個環節，要堅持合理引進和使用人才，避免人才消費上的迷思，正確掌握不同崗位的人才需求標準，把能力和業績作為考核和衡量人才的重要標準。不僅如此，企業在選拔人才上要適才使用，任人唯賢，充分發掘潛在的人力資源，把人力資源成本降到最低。

　　其次，制定科學的人力資源規劃。人力資源管理規劃要結合企業的發展策略和經營管理特點，建立、完善人力資源資訊

的管理系統，做好各個階段的人力資源需求的規劃。同時要明確每個工作崗位的工作內容和任職資格，做到從選拔人才開始就適合企業相應的工作崗位要求，減少員工離職率。

最後，做好人員的評估工作，確保每一個人都勝任自己的工作。企業管理者要督促人力資源部門及時地對新聘的人員進行評估，確保每一個人都勝任自己的工作，並及時發現和調整那些不能勝任自己工作的人員，以確保人力資源的成本不會浪費。同時，崗位的設置要為員工施展才能提供足夠的空間，發揮員工的主觀能動性，激發出員工最大的能量，從而降低人力資源的成本。

第五節　配置企業資源，提升經濟效益

企業合理配置資源，其實也就是合理安排企業各種資金結構問題。企業無論是進行資本結構決策，還是投資組合、存貨管理、收益分配比例等決策，都必須合理分配企業資源。一般情況下，資源如果能夠得到合理的配置，企業就能充滿活力，就能保證生產經營活動順暢運行，經濟效益顯著提高；一旦企業資源配置不合理，就有可能危及購、產、銷活動的協調，造成經濟效益明顯低下。

福特公司針對顧客、設施設備和員工，強調了三種資源規劃和配置：

營銷資源規劃與配置、製造資源規劃與配置、人力資源規劃與配置和社會責任規劃。針對公司顧客的營銷資源規劃與配置，創造一種福特公司等同於高品質的印象。當日本競爭者加入的時候，福特公司預計損失大約一百個百分點，於是公司把重點放在了顧客的滿意度上。同時，福特公司的營銷資源由「最佳夥伴」計畫支持，福特全球範圍內的雇員、分銷商和供應商在保障品質水準和顧客滿意度方面造成了越來越重要的作用，從而確保了福特汽車的市場份額。

　　與福特公司營銷資源規劃和配置相伴的是在新設備和設施上進行投資。技術的開發和設備的現代化，對福特來說是一個重要的策略推動力，從而削減了它的人工費用並提高了總體品質銷量。同時，福特在其他方面也實施了項目管理思想，運用準時化生產的思想提高了整體的生產效率，也透過進一步的自動化改善了品質與銷量。

　　在人力資源規劃與配置方面，福特公司致力於以物質和教育為內容，做人力資源規劃與配置方案，這從雇員那裡得到了支持。透過利潤分享計畫，公司引進了一套以每年利潤為基礎的獎金制度。這個計畫鼓勵員工更努力地工作以實現企業利潤的最大化。同時，公司非常注重人力資源管理與公司的發展策略的相互結合，重視人力資源的開發和員工的培養，注重營造公司發展所需要的企業文化。

從上面案例可以看出，對於資源的合理規劃與配置，可以很好地提升企業的經濟效益。合理的資源配置對市場調節發揮著積極的作用。它不僅可以促進勞動效率的提高，推動技術和經營管理的進步，還可以引導企業按照市場需要優化生產要素組合，實現產需銜接。

　　企業合理的資源分配計畫，應滿足統一性原則和集中性原則。企業資源配置如果有統一的計畫，就能保證企業的每一個月、每一年每一項工作都能對策略目標的實現做出貢獻，否則就可能造成資源分散。保持計畫的統一，要依賴企業管理者的營運能力，因此，企業管理者一定要注重資源的合理配置。企業資源配置的集中性可以使資源在特定的時間裡被稀釋。只有統一性和集中性相互結合，資源的合理配置才會發揮最大功效。

　　總之，企業資源的合理配置，可以有效地提升企業的經濟效益，使各個環節都緊緊圍繞企業的策略目標奮進。一個企業管理者一定要高度重視企業資源的合理分配，控制好資源的利用，讓資源利用做到最大化。

第六節　保護好老資源，也不要忘了開發新資源

　　未開發的自然資源，未運用的人力和未開闢的市場，正是經理人員所要發揮能力的地方。

—— 比爾蓋茲

企業的資源包括五個方面的要素，它們是技術要素、資金要素、人力要素、原材料要素和資訊要素。這五個要素對企業的興衰發揮著非常重要的作用，任何一項的缺失都有可能為企業帶來致命的損失。再仔細地劃分一下，企業的聲譽、知識、人力資源、技術和有形資產，乃至於它與其他公司的策略聯盟、長期形成的合作夥伴關係都是企業的重要資源。因此，企業在發展的過程中，要保護好這些基本的資源，使企業不斷地穩步前進。

　　同時，還要不斷地開發新的資源，使企業充滿活力，獲取更高的經濟利益。

　　企業資源是公司成長的基礎，如果沒有充分的優勢資源，企業是很難發展的。如果企業不清楚自己的資源構成，不懂得保護好老資源，就不會在激烈的市場競爭中知己知彼，也根本不可能在競爭中取得勝利。而且如果不能保護好老資源，企業賴以生存的基礎就會缺失，必然會給企業帶來巨大的損失。相反，如果企業對自己的資源構成、競爭者的資源構成都非常清楚的話，就能夠準確地對各種形勢做出判斷，從而取得競爭的勝利。

　　因此，身為企業管理者，一定要清楚企業的資源，保護好老資源，知道自己的優勢和劣勢所在，同時不斷地開發新的資源，防止競爭企業的模仿，不斷聚集優勢資源，使企業向著更

高的目標前進。

在所有的資源保護和開發中，人力資源是最重要的，因為人力可以創造所有的財富。因此管好了人，也就可以管理好其他資源。要留得住人才，並不斷地為企業招進優秀的人才，不斷革新技術，提高產品品質銷量和企業效益。比爾蓋茲曾說過：「如果把我們公司最頂尖的 20 個人才挖走，微軟就會變成一家無足輕重的公司。」人力資源是企業核心競爭力的源頭，因此，首先要保護好企業現有的人才。

◆ 總裁智慧錦囊一、向比爾蓋茲學習時間管理

管理大師彼得‧杜拉克曾說過：「時間是世界上最短缺的資源，除非善加管理，否則一事無成。」比爾蓋茲因為懂得巧妙地管理時間，才會贏得如此漂亮。

在湖濱中學讀書時，比爾蓋茲獲得一個撰寫電腦程式的機會，他與朋友保羅一起承接該項專案。兩人整日埋首工作，甚至一天工作超過 20 個小時，真可謂廢寢忘食。八個禮拜後，他終於走出了電腦教室，順利完成任務。比爾蓋茲熱愛電腦，哈佛大學還未畢業，他就迫不及待地在車庫裡創業，創立微軟公司那一年，他還未滿 20 歲。在比爾蓋茲眼裡，工作就是一場競賽，他喜歡在緊要關頭全力以赴的感覺，也深深享受伴隨而來的快樂與成就感。

和某家電子公司總經理會談時，比爾蓋茲提到，提高營運

績效是龐大企業的終極目標，而他自己，最想達到的則是工作的簡化。他為自己確立了工作目標，詳細規劃了工作進度，然後義無反顧地投入到工作之中。

　　他將自己所有的精力及時間全部投注在電腦科技的研發上，同時大幅簡化工作內容，使自己更加專注於工作，專心思考，減少無謂的時間浪費，從而獲得關鍵性的勝利。

　　從比爾蓋茲身上，我們不僅看到一個成功的企業家對時間的看重，更應該看到時間管理的方法。勇於和時間賽跑的人，未必贏得了時間。但是，放棄與時間競逐的人，必定會輸給時間。

　　一個富智慧的企業領導人如何具體掌握時間管理？他應該在工作之中學會簡化，抓緊正事，將心力和時間集中投資於處理與任務相關的核心問題，集中思考工作中的大事。對於一些重要又緊急的事情，應該在第一時間完成，閒事則可以在其他時間完成。要事和閒事可以根據對績效的貢獻度以及時間的緊迫程度來決定，高績效貢獻度、高時間緊迫性的要事必須優先處理，低績效貢獻度、低時間緊迫性的閒事則可暫緩或刪除。

◆　總裁智慧錦囊二、微軟的人力資源管理

　　人才是企業生存的根本，企業競爭力的比較，比到最後就是人才的比較，誰的人才多，誰的人才更有水準，誰就能成為最後的贏家。從某種意義上說，微軟的成功，正是源於比爾蓋

茲的知人善任，無懈可擊的人力資源管理。

「挑選頂尖的聰明人」是蓋茲的擇人標準。蓋茲認為：只要人聰明，就能迅速地、有創建地理解並深入研究複雜的問題。具體地說，就是善於接受新鮮事物，反應敏捷；能迅速地進入一個新的領域，並對其做出建設性的解釋；提出的問題往往刺中要害；能及時掌握所學知識，並博聞強識；能把原來認為互不相干的領域連繫在一起，並使問題得到解決。

在他看來，電腦市場日新月異，市場的競爭非常激烈，如果想要在市場中立於不敗之地，關鍵在於人才的選拔。因此，微軟選人的關鍵是要尋找對電腦、軟體有強烈興趣並有一定理解力，樂於與他人探討軟體並一起工作的人。在比爾蓋茲看來，在軟體開發上，創新和熱情至關重要，相比較而言，那些剛出校門的畢業生比起那些專家級的人物，更符合這一條件。

微軟在考察員工時，只看員工的工作成績，至於員工的資歷、學歷及職位，並不注重，這也正是吸引年輕的畢業生樂於加入微軟行列的原因。

同時，比爾蓋茲的求賢若渴、禮賢下士也為微軟覓得了眾多菁英。

微軟公司最重要的領導人之一 —— Jim Allchin 就是其一，Jim Allchin 在微軟公司負責平臺產品研發。當年，比爾蓋茲想邀請他加入微軟公司，曾經透過朋友多次連繫他，Jim Allchin

都置之不理。後來，比爾蓋茲再三邀請，Jim Allchin 終於答應去面試。Jim Allchin 一見到比爾蓋茲就毫不客氣地說，微軟公司的軟體是世界上最爛的，實在不懂微軟公司請他來做什麼。比爾蓋茲不但不介意，反而誠懇地說，正是因為微軟公司的軟體存在缺陷，微軟公司才需要他這樣的人才。比爾蓋茲的虛懷若谷感動了 Jim Allchin，使得他最終決定效力於微軟公司。

第四章　團隊合作

── 打造優秀的團隊

一個企業能走多遠，不僅僅在於企業的管理者，更在於企業的團隊建設。與其他工作方式相比，以團隊為基礎的工作模式取得了巨大的成績。一家優秀的企業，必然有一個優秀的團隊，而建造一個優秀的團隊，是每一個企業管理者都必須要懂得的管理方式。

第一節　團隊是經營成功的基本保障

> 企業的成功靠團隊，而不是靠個人。
>
> 　　　　　　　　　　—— 管理大師羅伯特‧凱利

　　團隊是企業經營成功的基本保障。企業管理者的成功，在真正意義上是團隊的成功。因此，企業管理者不應該只顧自己勇猛直前，更應該靠團隊的力量來實現自己對事業的追求。

　　美國前奇異公司總裁傑克‧威爾許說：「我的成功，10％是靠我個人旺盛無比的進取心，而90％是依仗著我的那支強而有力的團隊。」團隊成員為了共同的目標一起工作，相互之間就會產生信任，就會產生強烈的集體使命感，這種強烈的集體使命感就會產生豐厚的集體成果。現代市場競爭越來越激烈，專業分工越來越細，單打獨鬥的時代早已過去，團隊合作變得越來越重要。企業的競爭不僅僅是人才的競爭，更是團隊的競爭。

　　團隊透過成員的共同貢獻，能夠創造出更大的成果，實現1

＋１＞２的效果。團隊成員之間相互依賴、共同合作，提升自己的應變能力和持續創新能力，創造出只有團隊才能創造出的奇蹟。

蘋果電腦公司建立之初，最強大的競爭對手就是 IBM 公司。當時年僅 28 歲的董事長史蒂夫‧賈伯斯卻沒有退卻，因為在他麾下，有一幫充滿著青春活力、有著親密無間的合作關係的夥伴們為他撐腰。他們精誠團結，有著共同的目標，希望在從事的工作中做出偉大的業績。他們不僅對最前沿的技術有著最新的理解，並且知道如何運用它們。在這個團隊裡，每一個團隊成員都圍繞著賈伯斯最新奇的點子，努力把它變為所用。

蘋果電腦公司的團隊是一個志同道合的團隊。在徵聘新員工時，管理層要對應徵的新人進行好幾次面談，並且在做出錄用決定的時候，會把自己的個人電腦產品 —— 麥金塔電腦拿給他看，讓他坐在機器跟前，根據他的反應來判斷他是否和蘋果電腦公司是志同道合的。

這個志同道合的團隊，朝著一個共同的目標，密切合作，造就了蘋果電腦一個又一個的突破。

合作，是團隊精神的靈魂。為了達到既定的共同目標，團隊成員之間團結合作，共同努力。正是這一種精神，調動著團隊成員的所有資源和才智，形成一種自覺自願的工作狀態，產生一股強大而持久的力量。

正如蘋果電腦公司，團隊成員有一個共同的目標，他們志同道合，在面對強大的競爭對手 IBM 公司的時候，這種合作，激發出團隊不可思議的潛力。

因此，身為企業的管理者，一定要明白一個優秀的團隊對於企業發展的重要性。「同心山成玉，協力土變金」，個人與團隊的關係就像小溪與大海的關係，再強大的小溪，也只能激起一點小小的浪花，而百川融入大海，卻會激起驚濤駭浪。只有把每一個員工的力量融入團隊中，才能最強而有力地發揮個人的作用，才能克服重重困難，創造奇蹟。

第二節　管理者要做好團隊第一人

大成功靠團隊，小成功靠個人。

—— 比爾蓋茲

越來越多的企業管理者已經充分意識到，企業核心競爭能力其實就是團隊能力。一個使企業不斷發展的團隊，一定是一個思想開放、思維活躍的團隊，也一定是知識共享、智慧共生、情節共通、能力互補的學習型團隊。這樣的團隊必然能夠產生高效率和高效益，從而能夠為企業的長期高速健康發展提供源源不斷的內在驅動力。而這樣一個團隊的形成，必須依賴一個不可動搖、不可或缺的核心與基礎，這個核心與基礎就是

企業的第一人——領導者。缺乏一個優秀的領導人或領導集體，團隊就沒有明確的目標，不能凝聚成一個整體，更不能夠自我生長，激發無限的潛力。

領導者是團隊中的靈魂人物。一個成功的領導者，除了專業能力要服人，更要懂得創造共同願景，激勵成員士氣，並且讓部屬跟著你有成長的機會。大成就行銷顧問公司董事長林有田曾說過，團隊領導者的角色，可以說是教練、老師，也可能是班長。他既能激勵員工士氣，又能給員工傳授經驗，解決員工的問題，令員工折服，必要時還得自己跳下來打仗。

一個始終把自己放在團隊首要位置發號施令的人，是不可能帶出優秀團隊的。

一家公司的章總，有著二十多年的管理經驗，工作態度嚴謹仔細，對公司組織的培訓工作也十分重視。一次，章總突然指示培訓部，要求下周舉辦經銷商銷售顧問培訓班和市場經理培訓班，而這個培訓完全脫離培訓工作實施規劃。於是，培訓部不得不馬上開始準備培訓前的一切事宜。但由於多種原因，報到實際人數沒有達到理想狀態。章總果斷指示將兩個班合併為一個班舉辦，以節省開銷。雖然前期培訓部已經把一切安排妥當，而且培訓講師林教授也強調培訓對象不同，培訓內容側重點不一樣，最為關鍵的是，報到時間也不同。可章總置之不理。結果，突然的變更使經銷商參訓學員怨聲載道，全部怪罪

培訓部。章總竟然也在眾人面前大聲斥責培訓部負責人，為什麼培訓工作做得一塌糊塗。然後章總又命令公司其他所有部門負責人全部到場參與，這下，不僅是章總，各個部門負責人，甚至總經理祕書也插手指揮。就這樣一個簡單的培訓活動，居然被弄得亂七八糟。第二天，培訓部負責人遞交了辭職報告。

上述案例中，問題到底出自哪兒呢？身為一個企業的領導者，章總明顯對自己的角色定位出現了偏差。在一個團隊中，領導者不僅僅是制定目標、發號施令的設計者，更重要的是，他應該是一個教練，是一個推進者。領導的角色不僅僅是對所擁有的資源進行計劃、組織、控制、協調，關鍵還在於能夠發揮影響力，把員工凝聚成一支有戰鬥力的團隊。在這個過程中，領導者要不斷地激勵下屬、指導下屬，選擇最有效的溝通，幫助下屬提升能力等。領導者不是高高在上，向下屬分派完工作，等著要結果的「官」，而應是下屬的績效夥伴，是這個團隊的一員。這就是說，企業管理者與員工是績效共同體，企業的績效有賴於他們，他們的績效有賴於企業管理者。因此，這是一種平等的、協商的關係，而不是一種居高臨下的發號施令的關係，需要透過平等對話、良好溝通幫助下屬。既然是夥伴，就要從對方的角度出發，考慮下屬面臨的困難，從而及時為下屬製定績效改制計畫，提升績效。

而上述案例中的章總，沒有採納別人的建議，出現問題時

責罵下屬，這是非常不明智的行為。這樣做，只會讓團隊成員之間養成互相推諉的習慣，更談不上凝聚團隊的力量來做事了。即便培訓工作開展不順利是員工工作能力的問題，那上司也應該負擔 70% 的責任，因為員工的工作能力 70% 是在直接上司的訓練中得到的。因此，想要下屬有很高的工作績效，管理者所要扮演的角色不僅僅是發號施令者，更是一名出色的教練。

我們再看一則案例。

老劉是一家消費電子產品公司經理。從一個一無所有的打工者，摸爬滾打，一手創建起自己的公司，個中艱辛，只有他自己最清楚。正是因為深知創業的不易，他對工作要求特別嚴格，經常廢寢忘食地工作，甚至沒有自己的休閒娛樂時間。他希望他的員工也像他一樣，全心全意投入到公司事務上，一心為公，敬業奉獻。口頭禪就是「公司事再小也是大事，個人事再大也是小事」。

在日常工作中，無論大事小事，他都事必躬親，每一個部門的負責人都不能單獨決策任何事情。他為每一個員工做工作規劃，並在工作中不斷地與員工溝通，耐心地進行績效輔導。在他的親力親為之下，也帶出了一批好下屬。可是，他覺得自己總是沒有休息時間，而在他手下工作的員工也總覺得有做不完的工作，感覺工作沒有熱情，像一部機器機械地運轉。

老劉關心下屬的成長，參與公司管理的每一個步驟。但

是，他是不是一個好上司呢？答案是否定的。

一個優秀的管理者必然要經歷三重境界：親力親為→有所為有所不為→無為而治。公司創業初期，要做一個事事都跑在最前面的帶路者，給員工做好榜樣。企業發展中期，要學會適當地放權，培養優秀的中層管理者。「有所為有所不為」，就是說管理者一定要把自己有限的精力投入到自己最應該做的事情上。企業壯大時期，企業管理者要能達到最高的境界：無為而治。什麼是無為而治？就是授權，放手讓下屬去做。授權是給成員磨煉成長的最佳機會，授權能讓管理者減輕工作負擔，還能讓部屬站在管理者的角度思考問題。身為管理者，必須相信自己所管理的團隊是最優秀的，這樣才能使下屬盡快地成長。

一個優秀的企業管理者首先是一個有能力的人，其次一定要當好團隊成員，並發揮教練和推動者的作用，只有這樣，才能帶出一支優秀的團隊。

第三節　如何組建優秀的團隊

最好的 CEO 是構建他們的團隊來達成夢想，即便是麥可·喬丹，也需要隊友來一起打比賽。

—— 通用電話電子公司董事長查爾斯·李

一個人不可能完美，但一個團隊卻可能創造完美。團隊是

由個體聚集在一起組成的一個集合，在執行任務或者解決問題時需要用到每個成員的才能。團隊贏了，則團隊中的每個人都贏了；團隊輸了，則每個人都輸了。團隊成員要有與集體目標一致的目的感和忠誠感，這種目的感和忠誠感，把他們緊緊地連繫在一起，形成一股巨大的合力。團隊中的每個成員都最大化地發揮自己的才能，給企業創造出最大的價值。

那麼，身為一個企業管理者，如何才能創建一個優秀的團隊呢？

第一，要確立先進的理念，讓團隊成員都充分了解共同的目標和願景。一個企業要發展，首先要有自己的理念，而身為企業的管理者，更要能看到自己企業的發展前景和廣闊的市場需求。成功的管理者往往都主張以目標為導向的團隊合作，他們對於自己和群體的目標，永遠都十分清楚，他們深知在描繪目標和願景的過程中，讓每位夥伴共同參與的重要性。當團隊的目標和願景不是由管理者一個人決定，而是由團隊內的成員共同合作產生時，就可以使所有的成員具有強烈的認同感、成就感，大家會從內心深處認定：這是「我們的」目標和願景。管理者要經常和他的成員一起確立團隊的目標，並竭盡所能設法使每個人都清楚地了解並得到認同，進而獲得成員的承諾，並且緊緊追隨著新理念，擰成一股繩，向這個目標努力前進。

第二，讓每一位成員都明白自己的角色、責任和任務。在

一個成功的團隊中，每一位夥伴都應該清晰地了解個人所扮演的角色是什麼，知道個人的行動對目標的達成會產生什麼樣的影響。如果每一個團隊成員都懂得不刻意逃避責任，不推諉分內之事，知道在團體中該做些什麼，就非常容易建立彼此間的期待和依賴。大家覺得唇齒相依，生死與共，認為團隊的成敗榮辱，每個「我」都發揮著非常重要的作用，團隊的凝聚力也就自然加強。

第三，鼓勵成員主動為團隊的目標獻計獻策，自由地表達自己的感受和意見，加強溝通對話。成功團隊的成員身上總是散發出擋不住的參與熱情，他們相當積極、相當主動，一有機會就積極參與。瑪麗‧凱說過，「一位有效率的經理會在計畫的構思階段，就讓員工參與」。如果管理者希望做事有成效，就會傾向於做一個參與式的領導。這種做法，可以使團隊成員滿足「有參與就受到尊重」的人性心理。企業管理者要鼓勵團隊成員自主、自動地參與企業的目標制定，這樣的參與，充分發揮了團隊成員的自主性，會把企業的目標看成是自己奮鬥的目標，從而形成一股合力，這樣的「參與」比領導者帶領下的「參與」更能鼓動人心。

在這個過程中，領導者要做好與團隊成員的溝通工作，增強他們的合作意識。一個優秀的企業管理者，總是一個溝通大師，他們會極力提供給所有成員雙向溝通的舞臺。在團隊中，每個人

都可以自由自在、公開誠實地表達自己的觀點和感受。一個優秀的團隊成員都能了解並感謝彼此，都能夠「做真誠的自己」。

第四，引導和推動成員間彼此相互信任，並且真誠傾聽彼此的建議。

真心的相互信任、支持是團隊合作的沃土。許多在市場競爭中獲勝的團隊，管理者都在全力研究如何培養團隊成員間的信任感。管理者要經常向他的團隊成員們灌輸強烈的使命感及共有的價值觀，並且不斷強化同舟共濟、相互扶持的觀念，不斷鼓勵他們遵守承諾，信用第一。不僅如此，管理者要把員工當作合作夥伴，並把夥伴的培養與激勵視為最優先的事。管理者信任員工，員工也相信管理者，信心和信任在團隊裡到處可見。這樣一個團隊，總會保持旺盛的士氣，高昂的鬥志。

除了引導和推動成員間彼此相互信任，一個優秀團隊的成員，應該真誠傾聽彼此的建議。善於傾聽，這是相互尊重的體現。在傾聽中，可以知道其他夥伴的想法，從不同的意見中，形成獨特的企業文化。

第四節　整合個體優勢，最大化發揮團隊效益

現代企業不僅僅是老闆和下屬的企業，而應該是一個團隊。

—— 彼得・杜拉克

在比賽中，明星隊的成員都有優秀的技術，超越別人的能力，但是明星隊往往不能取得好成績。這是為什麼呢？原因就在於，沒有一項團體比賽是靠某一個人的力量來完成的，它需要團隊成員之間的相互配合，共同完成。而明星隊員習慣了別人配合，以他為中心團結起來的比賽模式中，當所有的隊員都是明星時，他們往往想展示自己的能力，缺乏團結合作的意識。

　　這就像一個企業的團隊，個體的力量總是有限的。古語有云：人心齊，泰山移。企業管理中要發揮最大效益，其重要一條，就是企業管理者是不是能夠讓每一個團隊成員都發揮最大的效益。

　　1987 年，星巴克咖啡還是西雅圖的一家街頭小咖啡館，如今全世界 34 個國家和地區，有三萬多家星巴克門市。除了在打造品牌上的獨到策略之外，團隊建設便是星巴克維持品牌品質的至關重要的手段，也是該公司不可替代的競爭力所在。

　　星巴克以商店為單位組成團隊，倡導的是平等快樂工作的團隊文化。

　　在星巴克團隊裡，領導者將自己視為普通一員，和員工們做同樣的事情。

　　每個員工在工作上都有較明確的分工，點菜、收款、咖啡的製作、內部庫存的管理等，都根據每一個人的能力具體安排。但每個人對店裡所有工種所要求的技能都受過培訓，因此在分工負

責的同時，又有很強的不分家的概念。當有人忙不過來的時候，其他人如果自己分管的工作不算太忙，會去主動幫忙緩解緊張。

同時，星巴克鼓勵合作、獎勵合作，也培訓合作行為。所有在星巴克工作的員工，無論你來自哪個國家，在商店開張之前，都要集體到西雅圖（星巴克總部）接受三個月的培訓。培訓大部分的時間主要用於磨合員工，讓員工接受並實踐平等快樂的團隊工作文化。公司還設計各式各樣有趣的小禮品用來及時獎勵員工的主動合作行為，讓每個人都時時體會到合作是公司文化的核心，是受到公司管理層高度認可和重視的。

星巴克的成功，與其強調的團隊合作是分不開的。每一個成員或許都沒有特別的技能，但是，他們緊密地團結在一起，整合各自的優勢，使星巴克咖啡店遍布全球。就像完美的螞蟻團隊，單從個體來說，它們的力量是渺小的、微不足道的，但它們分工明確，每個個體在自己的崗位上盡心盡力。當個體的力量不足時，就會發揮團隊的巨大力量，拖、拉、拽，使出渾身解數，不達目的誓不罷休。它們把渺小的個體組合成一個強大的團體。世上沒有完美的個體，但卻能組成完美的團隊。團隊裡的人各有各的缺點，沒有哪一個是完美的。但是，優秀的企業管理者卻能根據他們各自的優缺點，完美地把他們組合在一起，合理地搭配，充分發揮他們的個體優勢，形成一個完美的團隊，發揮出最大的力量。

具體來說，企業管理者可以從以下四個方面來整合個體優勢，打造完美團隊：

　　第一，營造尊重和信任的氛圍。成功的團隊管理在於相互尊重與信任。只有在相互尊重和信任的氛圍中，不同背景成員組成的團隊才可能成為一個團結一心、運轉有效的團隊。在這樣的氛圍中，每一個團隊成員也願意盡自己最大的努力，發揮自己的能力，更好地服務於企業的發展。

　　第二，量才而用，企業管理者要能知人善任。每個人的能力都有一定限度，只有在正確的崗位上，與人合作才能彌補個體能力的不足，創造出更大的效益。因此，身為企業管理者，不僅自己要知道，還要讓團隊成員明確了解自己在團隊成員中應該扮演什麼樣的角色，在這個團隊中究竟能造成多大的作用。企業管理者不要期望每個人都是最優秀的，最重要的是要發揮和發掘每個人的優勢。團隊每個成員都具有自己的個性、興趣、愛好、需求、動機、信念、理想，因此，在團隊建設時，必須要考慮並尊重這些客觀事實，從人的本性角度來處理和指導團隊的管理工作，整合個體優勢，最大化地發揮團隊的效益。

　　第三，加強培訓，互相學習，共同進步。為順應社會發展的需求，員工工作中所需的技能和知識更新速度加快。因此，要提高員工工作效率、增強競爭力，企業一定要加強員工的培

訓。從員工的角度來看，自身的發展進步已經成為他們衡量自己的工作、生活品質的一個重要指標。所以，培訓也是員工選擇企業的一個優先指標。經過不斷的培訓，團隊成員之間互相學習，取長補短，就會達到共同進步。個人能力提升了，又有團隊精神的指引，必然能創造出更大的效益。

第四，激發團隊成員的熱情。每一個人都有巨大的潛能，因為心態不一樣，所以表現在工作上的積極性也就不一樣。一旦工作充滿熱情，員工就會對既定的目標和方向產生積極性，不需要任何監督機制，就能更主動、更好地完成工作。這種工作的熱情，是一個企業難得的財富。因此，企業管理者一定要能激發團隊成員的工作熱情。

人才固然重要，但如何把個體的人才完美地組合在一起，充分整合他們的個體優勢，發揮最大的效益，是每一個企業管理者都應該思考的問題。

第五節　團隊精神是團隊穩定、強大的保證

合作是一切團隊繁榮的根本。

—— 美國自由黨領袖大衛·史提爾

所謂團隊精神，是指為了團隊的利益和目標，團隊的成員相互合作、盡心盡力的意願和作風。團隊精神既包括團隊的凝

聚力、合作意識，也包括高昂的團隊士氣。團隊精神是團隊管理的靈魂，是成功團隊所不可或缺的特質。團隊精神的基礎是要具有明確的團隊目標和理念，這也是解決團隊利益衝突的保證。團隊的「合作性」是團隊精神的集中體現，團隊精髓就在於「合作」二字，沒有這一點，團隊只是鬆散的個人集合，而無法凝聚成一股力量。一個團隊要有鮮明的團隊精神，這對於團隊管理是十分重要的。企業管理者只有激發員工的團隊精神，使隊伍始終保持團結合作，才能保持隊伍的精幹統一，最大限度地發揮團隊的整體優勢。

有一則傳說故事，說有一個人去世以後，天國的導遊帶著他去參觀了天堂和地獄。那個人看到地獄與天堂不是人們想像中那樣有巨大的差別，反而是一模一樣。但是地獄的人比天堂的人要瘦小很多，面黃肌瘦，骨瘦如柴。而天堂的人卻個個紅光滿面，健壯如牛。他們吃的也都是一樣的美味佳餚，每人手裡使用的都是一公尺長的筷子。後來那個人終於發現不同了，原來地獄裡的人用這麼長的筷子自己夾菜，可總是餵不到嘴裡，只好望著一桌美味餓肚子。而天堂的人卻不像地獄的人那麼自私，他們不用筷子往自己嘴裡送食物，而是往對方嘴裡送。於是你餵我，我餵你，大家都吃得飽。

這個故事就說明了合作的重要性。幫人就是幫己，為了達到共同的目標，團隊成員之間只有相互合作，才能產生高效

率。只有具有合作性的團隊，才會產生凝聚力，這種團隊精神，才是企業成功的最根本的原因。

微軟公司使數以萬計的雇員成為百萬富翁。可是，他們中許多人仍然選擇留在微軟工作。是什麼吸引他們繼續留下來工作呢？要知道微軟公司的工作條件並不是那麼舒適安逸，他們經常一週工作 60 個小時，甚至在主要產品推出的前幾週，他們每週的工作時數還會過百。他們並沒有得到高額的津貼，甚至有些「吝惜」，連董事長比爾蓋茲因公出差時，也總是由一位副總裁開車去機場，而且坐的是二等艙。

那麼，是什麼神奇的吸引力，竟使這些百萬富翁們有這樣的奉獻精神，賣命地工作呢？唯一的答案就是完全超越自我的團體意識。這種團體意識，已在微軟公司生根發芽。微軟人認為，他們不屬於自己，而是從屬於微軟這個團體。董事長比爾蓋茲在談到團隊精神時，講過這樣一段話：「這種團隊精神營造了一種氛圍，在這種氛圍中，開拓性思維不斷湧現，員工的潛能得以充分發揮。我們微軟公司所形成的氛圍是：『你不僅擁有整個公司的全部資源，同時還擁有一個能使自己大顯身手、發揮重要作用的小而精的班級或部門。』每個人都有自己的主見，而能使這些主見變成現實的是微軟這個團體。我們的策略一向是：聘用有活力、具有創新精神的頂尖人才，然後把權力和責任連同資源，一併委託給他們，以便使他們出色地完成任務。」

正是因為微軟公司員工們有這樣一種團結合作的意識，所以，他們樂於奉獻，勤於思考，把一切都獻給公司，為微軟不斷創造出驚人的價值。

如果一個群體不能形成團隊，那就是一盤散沙；如果一個團隊沒有共同的價值觀，意志和行動就不會統一，更談不上戰鬥力；一個團隊如果沒有團隊精神，就不會具有旺盛的活力。

團隊精神可以表現為一種文化氛圍、一種精神面貌，它是一種看得見、感知得到的精神氣息。商場如戰場，而團隊精神就是企業衝鋒的號角。同時，團隊精神是企業凝聚力和向心力的體現，是企業的魅力、核心競爭力所在。團隊精神除了表現為團隊成員之間的合作性以外，還可具體表現在員工對團隊高度忠誠、團隊成員相互尊重、充滿活力等方面。團隊精神的奧妙之處在於它能在潛移默化中激發團隊成員的事業心和責任感，為團隊工作注入強大的能量，從而使整個團隊擰成一股繩，形成一個團結共進、步調一致的團隊。

那麼，如何打造自己的團隊精神呢？

第一，要建立有效的溝通機制，營造相互信任的組織氛圍。在一個團隊中，溝通是非常重要的，理解與信任不是一句空話，有時往往會因為一個小誤會，帶給管理無盡的麻煩。身為企業管理者，一定要建立有效的溝通機制，讓團隊成員之間在不斷的溝通中碰撞出思想的火花，既可以解決工作中的矛

盾，又可以使企業不斷創新。溝通可以使團隊成員之間增進理解，增強信任，這是非常重要的。一個相互不理解、不信任的團隊，又怎麼能讓勁往一處使呢？相互理解和信任會增加團隊成員對組織的情感認可，而情感上的相互信任，是一個組織最堅實的合作基礎。

第二，營造良好的企業氛圍。團隊成員在公平競爭、追求進步、自由開放的環境中，就會增加對企業的滿意度，就會努力工作，為企業創造更多價值。如果對企業不滿意，結果或者是離職，或是繼續留在企業，但已經失去了積極工作的意願。所以，一個追求成功的企業，要營造良好的企業氛圍，才能使員工由滿意逐漸變為忠誠。

第三，態度並不能決定一切。企業的核心團隊，一定要有明確的用人機制。贏得利潤不僅僅靠態度，更要依靠才能。所以，企業管理者一定不能只重視團隊成員的態度，更要重視的是有能力、懂得團結合作的人才。

劉備看重團隊成員的態度丟了江山，曹操看重團隊成員的能力而不斷壯大。因此，在評估一個人的能力時，企業管理者不能僅僅根據自己的情感做判斷。

第四，塑造具有時代特徵的企業文化。企業管理者要能結合自己的團隊特點，準確預測未來的發展趨勢，從點滴做起，精心塑造具有獨特魅力的企業文化，從而形成自己的團隊精神；

要引導、發掘員工群體中的積極因素，使之與企業的發展策略、發展目標趨於一致。

現在市場競爭日益激烈，如果一個企業僅僅提高員工的個人能力而沒有有效的團隊合作、生生不息的團隊精神，企業就沒有生命力。因此，加強團隊精神是現代企業管理者必須重視的問題。

第六節　提高團隊凝聚力，凝聚力就是戰鬥力

天時不如地利，地利不如人和；眾人同心，其利斷金；上下同欲者勝。

如果手指握成拳，要比手指或手掌傷人厲害得多。這是因為當拳頭攥緊時，整隻手上的全部力量都凝聚在拳心，它更強大！一支優秀的團隊如果同樣有如此強大的凝聚力，必將成就夢想，創造輝煌。

有許多語言來形容團隊凝聚力的重要性：「天時不如地利，地利不如人和」、「眾人同心，其利斷金」、「上下同欲者勝」。這些都告訴我們一個事實：團隊的凝聚力是團隊成功的關鍵所在，一個缺乏凝聚力的團隊，人心渙散，終究逃脫不了失敗的命運。團隊凝聚力是將一個團隊的成員緊密地連繫在一起，一條看不見的紐帶，是一種無形的精神力量。團隊的凝聚力不是靠

制度約束而來的，而是來自於團隊成員自覺的內心動力，來自於共識的價值觀，是團隊精神的最高體現。團隊凝聚力越強，團隊所創造的績效就會越高。

松下幸之助除了每年正月初一親自帶領員工送貨，向全體員工樹立一種團隊合作意識的同時，松下公司更是花大力氣發動每一個工人的智慧和力量。為達到這一目的，公司建立提案獎金制度，不惜重金在全體員工中徵集建設性意見。雖然公司每年頒發的獎金數額巨大，但正如公司勞工關係處處長所指出的：「以金額來說，這種提案獎金制度每年所節省的錢超過給員工所發獎金的 13 倍以上。」不過，松下公司建立這一制度的最重要目的，是希望每個員工都能參與管理，把公司當作自己的家，自己就是公司的「總裁」。

正是因為松下公司充分意識到群體力量的重要性，並在經營過程中處處體現這一思想，所以松下公司的每一個員工都把工廠視為自己的家，把自己看作工廠的主人，形成一股強大的凝聚力。縱使公司不公開提倡，各類提案仍會源源而來，員工隨時隨地 —— 在家裡、在火車上，甚至在廁所裡 —— 都會思索提案。

松下公司與員工之間建立起可靠的信任關係，使員工自覺地把自己看成是公司的主人，產生為公司做貢獻的責任感，誘發出了高漲的積極性和創造性。松下公司因此形成了極大的親

和力、凝聚力和戰鬥力，使公司不但從一個小作坊發展成世界上最大的家用電器公司，而且成為電子資訊產業的大型跨國公司，其產品品種之多，市場範圍之廣，成長速度之快和經營效率之高都令人驚嘆！

松下公司的發展壯大，與它不斷提高團隊凝聚力是分不開的。公司員工透過參與企業目標制定和日常管理，不知不覺把自己內化為公司的主人，由心底產生一種工作的積極性，這種自主的積極性內化為強大的凝聚力，強大的戰鬥力，形成了松下的企業文化。

如果一個企業缺乏團隊凝聚力，人心渙散，企業領導人威信全無，企業一定會加速衰亡。企業凝聚力與工作效率之間的關係有人做過大量的研究。結果顯示，凝聚力的大小對企業有重要的影響。一般情況下，凝聚力強的團隊比凝聚力弱的團隊效率要高。因為員工獲得了自我實現價值的途徑，在工作的過程中就會超值發揮自己的價值。如果一個團隊失去了凝聚力，就不可能完成組織賦予的任務，其本身也就失去了存在的條件。

讓團隊形成共同的價值觀，統一意志，統一行動，擁有最大的戰鬥力，這是所有企業的共同希望。松下公司能與員工之間建立可靠的信任關係，誘發員工的責任感和主角意識，企業的凝聚力增強，戰鬥力也自然增強。團隊凝聚力在內部表現的，是團隊成員之間的融合度和團隊的士氣。

因此，必須採取有效措施增強團隊成員之間的融合度，形成高昂的團隊士氣。

那麼，一個凝聚力強的團隊有什麼明顯的特徵呢？首先，團隊內的溝通管道是暢通的，訊息交流頻繁，溝通沒有障礙，已經成為工作的一部分。其次，團隊成員的參與意識較強，人際關係和諧，成員間相互團結，互相幫助，不會有壓抑的感覺。最後，團隊成員有強烈的歸屬感，並為成為團隊的一分子感到驕傲。同時，團隊成員間會彼此關心、互相尊重，有較強的事業心和責任感，願意承擔團隊的任務，集體主義精神盛行，並願意為其他成員的成長而付出。這些因素，都可以判斷企業團隊凝聚力的強弱。

不同的企業用不同的方法來提升團隊凝聚力，具體我們可以從以下四個方面著手：

第一，企業管理者主動與團隊成員保持良好的溝通。良好的溝通是判斷團隊凝聚力最基本的要素。這種溝通不僅僅是團隊成員之間的溝通，還包括企業管理者積極主動地與團隊成員溝通，了解團隊成員的工作狀態和生活狀況，了解成員的合理需求並盡力滿足他們。這樣，很多問題在交流中就會迎刃而解，團隊也時刻處在一種高昂的戰鬥氛圍中。

第二，企業管理者要尊重團隊成員，充分信任。身為管理者，對團隊成員要給予充分的信任，缺乏信任關係是做不好工

作的。松下電器正是給予了員工充分的信任，才成為電器界的翹楚。所謂「用人不疑，疑人不用」，適當地放權，可以增加員工的工作積極性，以更加主動的姿態投身到工作中。

第三，企業管理者要不斷給予團隊成員鼓勵，勇於承擔責任。身為企業的管理者，同時又是團隊的一員，要不斷地給予團隊成員鼓勵，挖掘其潛能，激發其鬥志。在面對利益時，要肯定員工的作用；在遇到問題時，要勇於承擔責任。這樣的管理者，可以將團隊成員緊緊凝聚在一起，否則的話，團隊將人心盡失。

第四，讓團隊成員感受到成長的快樂。企業管理者要注重團隊成員日常工作中的感受，定期辦一些娛樂活動，活躍團隊氛圍。團隊成員真正能體驗到快樂，自身得到成長，在成長的過程當中體會到成就的快感，這樣就能塑造團隊成員的向心力與歸屬感，提升團隊的戰鬥力。

社會發展迅速的今天，個人英雄無法再獨唱主角，那種依靠個人力量叱吒風雲、勁舞弄潮的日子已一去不復返了，只有統領充滿強大凝聚力的團隊的人，才能成功地克服各種困難，有效地完成各項任務，順利地迎來光明。

第七節　善於決策，領導決策力決定團隊執行力

決策是管理的心臟；管理是由一系列決策組成的；管理就是決策。

—— 哈佛著名決策大師赫伯·西蒙

所謂決策力，就是適時做出重大決定的能力。決策力是企業管理者為維持企業生存必須具備的最起碼素養。領導者的決策會對其組織成員產生不可估量的影響。簡單來說，企業管理者的決策力，就是帶領企業「做正確的事」，同時幫助團隊成員「把事情做正確」。決策是企業的命脈所在。

企業管理者的決策力，往往決定了團隊的執行力。「運籌帷幄、決勝千里」，決策正確乃成事之始；「一招不慎、滿盤皆輸」，決策失誤即敗事之趨。決策的正確與否，往往決定著企業的興衰存亡。

Nokia 由於錯誤的策略決策，痛失長達十年的手機冠軍寶座。

Nokia 公司成立於 1865 年，1990 年代初，芬蘭遭遇經濟危機，Nokia 的高層果斷地將其他品類繁多的產業全部捨棄，只保留下 Nokia 電子部門。Nokia 的電子部門，經歷過 10 到 15 年的虧損，最終才成長為我們所熟知的巨頭。在經濟危機之後，Nokia 是幫助芬蘭重新獲得增長的主要驅動力之一。從那之後，

Nokia 也成為芬蘭人民族象徵的一部分，人們為之驕傲了幾十年。Nokia 也創造了多項紀錄。目前在全球依然流行的 GSM 技術，其首次通話就是於 1991 年在芬蘭透過 Nokia 支持的網路打出的。同時，Nokia 還創造了全球銷量最好的手機，從 1996 年開始，直到 2012 年之前，Nokia 霸占了全球手機市場頭把交椅長達 15 年之久。在 2007 年末，Nokia 在全球市場的占有率一度達到了 40%。

2010 年 9 月 21 日，史蒂芬・艾洛普擔任 Nokia 總裁兼執行長，並在隨後促成了 Nokia 與微軟在手機業務上的合作。Nokia 於 2011 年 2 月宣布放棄其他平臺，在智慧手機上全身投入微軟 Windows Phone 懷抱。但是，至此 Nokia 手機銷量卻一度下滑，市值也是江河日下。從鼎盛時期，股票市值超 1,980 億歐元（約 2,600 億美元），到最終以 72 億美元的白菜價「賣身」微軟。

現在很多人指責艾洛普是微軟派到 Nokia 的「木馬」，其實，說到底是 Nokia 企業管理高層決策出現了問題。哈佛商學院的著名管理者 —— 沃爾森曾說過這樣一句名言：「一個成功的決策，等於 90% 的訊息加上 10% 的直覺。」有些管理者總以為，決策的好壞是一件說不清的事情，關鍵還要看運氣如何。如果運氣好，你的決策可能就會帶來一些利益；如果運氣不好，你的決策可能就失靈了。其實，這樣的說法是完全錯誤的。公司決策是由人來制定和執行的，而不是由上帝賜予的。面臨

複雜的局面時，只有靠集體的智慧和經驗，才能正確地掌握情況，從而做出決策並解決問題。史蒂芬‧艾洛普並不是運氣不好，而是他對操作系統和產品的決策出現失誤。決策是企業領導人責任心和膽量的表現，假如對公司沒有責任感，任何決策都會可有可無，碰運氣可能會使一次決策成功，但不能次次成功，更多的可能是大禍臨頭。

當然，即使是再成功的管理者，他也是人，而不是神。即使他修煉得再好，也總會有盲點存在，所以成功管理者必須採取「眾智思考，獨立行動」的模式進行決策。哈佛大學商學院終身教授喬治‧戴維森說過這樣一句名言：「正確決策來自眾人的智慧。」法國威望迪集團董事長瑪麗‧莫西爾（Marie Messier）也認為：策略的真正實施，要以決策來保證，而正確的決策要靠集體的群策群力。

很多情況下，身為一個企業管理者，做決策需要具有一種遠見卓識的能力，而這種能力取決於決策者長期的經驗累積。做決策除了要準備充分之外，還要該果斷的時候就果斷的魄力，千萬別猶豫不決，要講時效，不能拖延。決策正確，企業團隊的執行力就會加強。

那麼，企業管理者到底該如何做決策呢？

第一，做決策前要能對問題進行分析，找到問題的癥結所在。也就是說，要清楚企業到底出了什麼情況，是什麼原因造

成這些情況的發生，缺乏對情況的足夠了解往往會做出錯誤的決定。美國汽車業曾經認為交通事故的發生，主要是因為道路修建得不安全、駕駛員技術不過關導致的。所以，他們花大量人力財力加強公路安全和培訓駕駛員。但實際上，除了以上原因，汽車設計方面也存在極大的安全隱患。所以，當企業面對問題時，企業的管理者要能對照觀察到的所有情況，進行綜合審定。當你不可能掌握你所需要的全部事實時，就必須運用以往的經驗和良好的判斷力、常識性知識，做出符合邏輯的決定。

第二，要能明確判斷哪些是「正確」的決策。身為企業管理者，在做決策之前，首先要考慮什麼樣的決策才是正確的決策，而不能一味考慮這些決策能否被接受。在考慮決策能否被接受的時候，很多人不敢大膽地說出自己的心裡話，害怕別人的批評，這樣就會偏離決策的重點，影響自己的判斷。所以，決策之前要明確判斷正確的決策，再想辦法讓別人接受你的決策。

第三，不能混淆客觀事實和主觀意見。企業管理者的決策，一定要堅定地站在企業發展的高度，遵循事實基礎，這樣才能做出對企業發展有利的決策。如果建立在感覺之上，不能把客觀事實和主觀意見分離開，這樣的決策，往往會給企業帶來滅頂之災。

第四，要勇敢地承擔責任。進，需要勇氣和決心；退，需

要智慧和胸懷。做決策需要魄力和勇氣，害怕承擔責任的人，是不可能做出真正意義上有利於企業發展的決策的。

　　團隊的執行力來自企業管理者的決策力，正確的決策力和堅決的執行力，將會決定企業的發展。善於決策的領導，才會帶出一支執行力強的團隊。

第四章　團隊合作—打造優秀的團隊

第五章　提升自我

—— 樹立強大的個人品牌

個人品牌給人一種清晰的、強而有力的正面形象，它體現了你在別人心目中的價值、能力以及作用，能夠產生影響力。你的個人品牌告訴潛在客戶，當他們與你交易時，能期望得到什麼，這也是為什麼個人品牌如此強大的原因。因此，一個企業管理者，應該不斷提升自我，打造自己的個人品牌。

第一節　理清個人品牌與企業品牌的關係

　　現今對大部分的企業來說，高層管理者的個人聲譽與公司的聲譽已很多時候密不可分。

—— 萊斯利·羅斯

　　如今的商業市場，品牌競爭和情感競爭逐漸代替了以前的新產品功能競爭、品質競爭和價格競爭。伴隨著企業的成長，一個個企業家的名字逐漸被大家所熟悉。他們成功打造了強大的個人品牌，他們的一舉一動，不僅僅反映了個人的訊息，而且承載著企業的形象，傳播著企業的訊息。

　　企業管理者的良好的個人品牌，是以個人為傳播載體的個人和企業形象的統一，從某些方面來講，企業管理者是這個企業最重要的形象代言人，其個人形象直接影響企業形象和企業品牌。可以這樣說，企業管理者的形象是企業形象的一個重要組成部分，企業形象其實就是企業管理者形象的折射和放大。

身為一個自然人和社會人的結合體，企業管理者的個人價值觀是企業價值觀的出發點和濃縮，個人品牌形象必須反映個體的思想性格，同時又要與企業品牌的風格相吻合。個人品牌建設對建立深層次的企業品牌和產品品牌而言，有著舉足輕重的作用。不僅如此，企業管理者優秀的個人品牌形象，透過資本運作，可以使企業達到更高的策略目的，而企業品牌反過來又促進個人品牌的提升，兩者之間有著千絲萬縷的連繫。

具體說來，我們可以從以下幾個不同的階段來看個人品牌和企業品牌的關係：

當企業品牌和個人品牌都處於相對弱的階段，處於萌芽狀態時，此時企業品牌和個人品牌還沒有完全形成，二者之間還沒有建立起較為緊密的連繫。這個時候，在某些程度上，企業品牌的弱化會對企業管理者個人品牌的形成產生制約。

當企業品牌由弱到強時，強大的企業品牌可以為個人的品牌建立和塑造創造良好的機會。此時，企業為個人品牌的塑造和提升提供了良好的環境，而個人職業品牌的塑造和提升又反過來作用於企業品牌的提升。

當企業品牌較弱的時候，如果能打造強大的個人品牌，就得以塑造企業品牌，以較快的速度提升，形成特有的企業文化。但在個人品牌打造的過程中，個人品牌的建立一定要與企業品牌緊密相連，不可脫離企業品牌而打造企業管理者的個人品牌。

當企業品牌和個人品牌都變得強大起來時，就會形成良性的互動，互相促進，從而使兩者達到更高的高度。

我們用一個案例來具體說明個人品牌和企業品牌的關係。

中國步步高電子有限公司的部門經理段永平，1989 年 3 月到一間虧損 200 萬元的小廠當廠長，當時是中山市怡華集團下屬的生產家用電視遊戲機的小廠。三年之後，這間小廠正式命名為中山霸王電子工業公司，產值已達 10 億元。1994 年，段永平向集團公司提案，要對小霸王進行股份制改造，但沒能通過。

1995 年 9 月，段永平到東莞成立了步步高電子有限公司。很快使「步步高」步步登高，如今更成為中國無繩電話、VCD 等行業中數一數二的名牌。

在中國，現代當人們說到步步高時，總會把「步步高」和「段永平」連在一塊說，是因為不管在企業內還是在企業外，他已經被大家當作了一個符號、一個旗幟。

個人品牌和企業品牌的關係，我們可以從段永平先生的職業生涯發展過程中清晰地看出來。當他剛剛進入到中山市怡華集團下屬的小廠時，人們都不知道段永平是誰，也不知道那個小廠，此時企業品牌尚未樹立，段先生也還沒有打造出自己的個人品牌。而當企業不斷發展時，企業品牌快速提升，此時，企業品牌的提升也使段先生的個人職業品牌得到塑造和提升 —— 小霸王當時成為如日中天的電子產品品牌，段先生個

人品牌也響遍大江南北。當段永平先生離開小霸王創立步步高時，此時，步步高從零開始沒有任何品牌形象和價值，而段先生的個人品牌快速提升了步步高的品牌形象，使步步高很快在市場上占領了一席之地。而步步高品牌的快速提升又使得段先生的個人職業品牌進一步提升，二者相互促進，取得了驚人的效益。

很多時候，企業管理者與企業形象已經密不可分。當企業品牌聲譽良好的時候，企業管理者也會在公眾心中留下良好的聲譽；當危機發生時，企業管理者也難逃責任。高管們的人格行為反映了企業形象。企業的聲譽良好時，公眾亦會視高管信譽良好；當有危機醜聞時，高管們也無法逃脫責備。

個人品牌和企業品牌最好可以同時推廣，當一個企業管理者透過論壇、演講、電視訪談等活動提升個人品牌的同時，也為企業品牌的建設貢獻了力量；而當企業品牌成功推廣之後，也會讓企業管理者的個人品牌得以升值。企業的價值和價值觀，其實就是從企業管理者身上挖掘、提煉和物化的，而個人品牌的風格打造，也是不能脫離企業風格而特立獨行的。

因此，個人品牌和企業品牌是互動共生的、相互推進的。

企業管理者只有真正明確了個人品牌和企業品牌的關係，才能從真正意義上使二者關係相互促進，帶來更廣的商業市場。

第二節　最強競爭力來自個人品牌的提升

　　強大的品牌非常有競爭力，但它永遠是基於產品的價值而不是描述的方式。好的個人品牌能做三件事：讓別人覺得真實可信，與眾不同，可以被信賴。

　　每一個成功的企業背後，都有一個出色的企業領導人。DELL 的戴爾、微軟的比爾蓋茲、GE 的威爾許等等，每一個企業領導人的一舉一動，都代表著企業的形象，傳播著他們的企業和品牌給公眾帶來的資訊、利益。他們是企業的核心人物，企業透過他們發展壯大，而他們則透過企業管理宣傳個人，透過提升個人的品牌來喚起大家對自己和對企業的好感。一聽到名字立刻就會讓人想起某個特定形象，這就是品牌效應。當你想悠閒地品嚐一杯咖啡時，自然會想起星巴克的綠色標誌；看到飄逸的風衣，就會馬上聯想到巴寶莉（Burberry）的格子紋。

　　個人品牌價值實際上是個人商業價值的綜合體現，這是一種無形資產。個人品牌價值由個人的價值觀念、思維模式、行為習慣、使命宣言、專業技能、生活經歷、生活常識、性格特徵、外在形象等構成。個人品牌的價值受到很多因素影響，但是追究其本質，個人品牌的價值是由個人品牌的「產品品質」和個人品牌的知名度和美譽度決定的。很多時候，人們透過對企業領導人的判斷來識別企業，識別企業的產品，因此，個人品牌的提升，是對企業的一種無形的宣傳。

一個優秀的企業家，總是懂得不斷提升自己的品牌價值，進而提升企業產品的競爭力。對於公眾公司的 CEO 而言，個人品牌甚至會影響公司股票的價格。因為傑克‧威爾許創造的個人品牌價值，那個時代的奇異公司股市獲得投資者的追捧；因為羅伯托‧古茲塔的個人品牌影響力，他在位時可口可樂的股票不斷地升值；高爾文在辭去摩托羅拉總裁職務後其股票卻立馬上漲 5%。這，就是企業管理者個人品牌的力量。

對於企業來說，要保持產品的競爭力，有很多時候要依靠企業家個人品牌的支撐和助推。企業家個人品牌可以幫助企業吸引風險資金、高能力素養員工，並吸引媒體更多的正面報導。

企業的領導人總是透過品牌管理進而有效地宣傳個人，透過品牌，提高個人的可信度，喚起大家對自己成果的好感。那麼，身為一個企業領導人，到底該如何提升自己的品牌呢？

企業領導人的品牌運作是一個立體的模式，就像企業品牌需要定位一樣，企業領導人品牌也需要定位，這是非常重要的。

第一，要詳細分析市場情況。在這個過程中，對市場進行調查，了解企業在市場上的影響以及人們對企業產品的認識和對企業領導人的了解，然後確立自己的形象地位和事業地位。個人品牌效用大，定位清晰的個人品牌一旦形成，將很難受到競爭對手的挑戰和競爭，個人品牌一般沒有雷同性或者可比性，所以一定要進行詳細的市場分析。

第二，根據市場調查，制定出不同的提升個人品牌的方案。企業管理者應該對自身情況仔細研究，認真分析，包括自己的人生信念、長相特色、性格特點、愛好特長、傳奇經歷、輝煌業績、與員工的互動、同客戶的溝通等。個人品牌的塑造是向他人傳達一種積極的期望，它是對別人的承諾，是留給公眾的首要印象。企業家形象是企業品牌形象人格化的具體體現方式之一。個人品牌的建立過程不單單是吸引公眾的過程，更是一種自我發現的過程。在這個過程中，你會了解到自己的個人品牌到底是什麼，並調整自己的個人形象，使它更加符合你的企業目標。

第三，找到差異性的根源。用另外一個名字來稱呼品牌，那就是「差異性」。無論什麼人搶先占領了市場，如果他沒有體現出差異性，就很難獲得業務的穩定增長。

第四，宣傳宣傳再宣傳。透過比較，找到與其他企業差異性的根源，然後透過自己在公共場合的表現或自己直接對外傳播，將這個特點展現出去，讓客戶形成記憶，就此成為個人的一個標誌。個人品牌除了日常生活與工作中的言行傳播外，也需要借助日益增多的現代傳播媒介，各種網路、論壇、會議等，還有各種參與性的電視節目、電臺節目，增加在社會的曝光面和曝光率，增加知名度。

企業領導人個人品牌定位確定後，就應該堅持，不能朝令

夕改。優秀品牌總是持續一致的，只有始終如一，才能更加清晰地詮釋一個品牌的內涵。

第三節　千萬不要忽視個人形象

形象就是宣傳，形象就是效益，形象就是服務，形象就是生命，形象重於一切⋯⋯

企業領導人是企業的財富，他代表著企業的形象，所以他的個人形象的價值也是需要去挖掘、塑造和管理的。個人形象是透過服裝、髮型、肢體語言、面部表情、學識談吐等方面展示給他人的整體印象，在與人交往的過程中，能反映一個人的內在品質。所謂領導者形象，是指社會公眾對領導者的價值理念、氣質、品德、能力等方面所形成的整體印象和綜合評價。保持良好的個人形象，傳播自身的人格魅力和高貴品質，可以獲得更多的人脈，贏得他人和客戶的尊重。

個人形象其實就是個人品牌，是反映人修養的一個窗口。在一個透明化的時代，企業家不僅要重視企業形象的管理，同時必須重視自身形象的建設。很多時候，人們是透過對企業領導人形象的認知和理解來判斷企業的。企業領導人的形象與企業形象往往是統一的、互動的，企業領導人有了自己的形象魅力，能更好地提高企業的知名度、社會聲望、品牌內涵，能夠有力地促進企業形象的提升。

不管是在公共場所，還是在私人聚會，只要你與人進行交往，你的穿著打扮、言談舉止等外在形象就會出現在他人的眼裡，並留下深刻印象。

　　可以說，一個人的外在形象的好壞，直接關係到他社交活動的成功與失敗。

　　2003 年底，在柯達公司與樂凱公司合資的新聞發布會上，主持發布會的柯達公司副總裁葉鶯穿了一身綠色的衣服。眾所周知，在柯達的世界裡是沒有綠色的，只有紅色和黃色。我們從柯達公司領導人的形象中清楚地看到了柯達與樂凱合作的決心和態度。

　　就這樣一個簡單的衣著裝扮，顯示出的卻是企業的真誠態度，為兩家公司的合資打出信號彈。不要認為這是小事，企業管理者個人形象就是這樣一點一滴建立起來的。個人平日裡形象管理得怎樣，給別人留下的印象怎樣，這些東西一點點累積多了，就會形成絕對不容忽視的品牌印象。

　　日本本田技研工業總公司的企業文化，很大一部分是企業創始人本田宗一郎個人形象的充分體現。遇到事情，他總是自己率先去處理。因此，公司裡的年輕人非常佩服他的這種身先士卒的垂範作風。

　　有一次，本田宗一郎和同事藤澤武夫在濱松一家日本餐館裡和一位外國商人談一筆出口生意。外國商人上廁所時，不小

心讓假牙掉進了廁所。

本田宗一郎知道後二話沒說，跑到廁所，捲起褲腿就跳下糞池，他用木棒小心翼翼地查找，終於找到了假牙。之後，他又親自反覆沖洗乾淨，並做了嚴格的消毒處理。回到宴席上後，本田宗一郎自己先試了試，高興得手舞足蹈。

那位外國商人看到這樣的場景，非常感動，這樁生意也就自然獲得了成功。本田宗一郎的同事藤澤武夫目睹這一切以後，也感慨不已，認為自己可以一輩子和本田宗一郎合作下去。

看似非常簡單的舉動，卻恰恰反映了一個人的內心想法和人格魅力。

就像本田宗一郎，即使他說一大堆的同情話，所取得的效果，也遠不及伸出援手這樣實際的小幫助。而他這樣做，影響的不僅僅是他的客戶，還有他的同事。試想，有這樣一個企業領導人，有誰不願意跟著一起發展呢？

企業管理者的舉止言行，對企業文化有著非常重要的影響，他們往往會透過自己的所作所為，把一些習慣或觀念滲透到公司的文化中去。有人說，要想了解一個企業的文化，只要看一個企業管理者的風格就行了。如果企業管理者的形象不佳，又怎麼能指望企業能不斷發展呢？一個每天早上都不能按時上班，動不動就失約的企業管理者，你能指望企業員工遵守規則、講誠信嗎？

領導者形象是領導力的組成部分，形象作為一種非權力影響力，是領導者權威的真正內核。任何領導者要取得群眾的擁護和支持，除了要運用好自己手中的權力外，還要在整個領導過程中重視自身形象的塑造。塑造良好的個人形象，可以有效地推動企業的發展。那麼，到底該如何提升個人形象呢？

　　構建成功形象要注重相的方面，但是這「相」並不僅僅是相貌，它包括外在的美和內在的美。除了心、相方面的形象構造外，還要注重行的構造，追求成功的人要從禮儀、溝通、言行舉止、誠信等各方面去完善自己的品牌形象。

　　每個人都想構建自己的成功形象，但是，一個成功者的形象不是一天建立起來的，而是日積月累地慢慢建立起來的。

　　首先，要做一個有道德的人。道德所包含的內容很多，比如遵守原則、誠信、尊重他人等。企業管理者的為人品行對公司文化的形成同樣發揮著重要的作用，能產生積極的正效應，可以激勵被管理者團結在管理者周圍，支持管理者開展各項工作，充分調動被管理者的主動性和創造性，努力發揮他們的聰明才智，奮力去實現企業目標。一個優秀的企業管理者，一定具有優秀的素養，這是個人形象最基本的東西。企業管理者的道德素養敗壞會對公司的員工造成惡劣的影響，進而阻礙企業的發展。

　　其次，提升「相」的部分。與人交往中，服飾、儀表是首

先進入人們眼簾的，特別是與人初次相識時，由於對彼此不了解，服飾和儀表在人們心目中占有很大份量。所以，身為一個企業管理者，要不斷學習服裝色彩搭配、禮儀，穿衣要合體，這是最基本的要求。服飾的個性，也能讓人判斷出你的審美觀和性格特徵。

最後，要提升內在的修養。內在修養很多時候可以透過一個人的言談舉止來判斷。一個開朗熱情、隨和親切、平易近人、風趣幽默的人，總是會給人留下好印象。如果你天生是一個情商較低的人，就要透過不斷的學習與鍛鍊，使自己成為一個「好相處」的人。

總之，企業管理者形象如何，不僅關係到管理者個人的威信和號召力，而且關係到組織的整體形象和凝聚力。如果企業管理者能以飽滿的精神風貌、高尚的領導魅力、優良的領導作風和得體的領導儀表等贏得公眾的好感和信賴，那麼不僅可以提升企業的形象，得到公眾的支持，而且有利於領導的決策、指示、領導方法被員工所接受，並得到創造性地執行。

第四節　不要錯過任何宣揚個人品牌的機會

當別人聽到你的名字時，你想讓別人想到什麼？你的品牌標誌應當包括了別人提到你時會用的所有的詞。

越來越多的企業管理者透過各種管道和方式成為公眾人物和知名人士，人們逐漸發現，「酒香不怕巷子深」這句生意場上引為經典的名言，正在發生改變。生意場上的人們不僅在尋求各種機會和舞臺推廣自己的產品，而且一向身居產品背後的企業管理者也紛紛披掛上陣，閃亮登場。

　　企業管理者要有敏銳的市場嗅覺，善於利用和製造一切可能的商業機會進行自我宣傳，去爭取和尋找每一個可以抓住市場「賣點」的機會。這既是對個人品牌的提升，也是對企業品牌的提升，這種無形的資產，所帶來的效益是非同凡響的。

　　企業管理者一定要擁有在關鍵時刻敢發出自己聲音的能力。在關鍵時刻發出聲音，進而經常表達正確的觀點，傳達自己的理念，宣傳一些正確的東西，並表現出願意承擔責任的勇氣和決心，會讓周圍的人對你產生一種信任和依賴，也使你在下一次發表觀點的時候有更多的人認真聆聽。

　　這種聆聽在最後會轉化為信任，在員工的心中，你是不可撼動的領導者，在公眾心中，你的產品也是優先考慮的對象。當周圍的人對你產生信賴的時候，在正確的時機下，就能創造奇蹟。

　　很多人都有這樣的體會，當面對貨架前的一排同樣的產品時，目前或者是經常有發燒話題的品牌就會搶先從腦子裡冒出來。一個產品要博得消費者的鍾愛，一定要建立自己的品牌知

名度，提升自己的美譽度，這樣才能在激烈的市場競爭中擁有強悍的競爭力。而企業管理者同樣如此，抓住一切機會，樹立較高的社會知名度和美譽度，不僅有利於個人事業的發展，也可以使企業在品牌傳播、政府公關等方面順風順水，收到事半功倍的效果。企業家個人品牌建立之後，讓大家都知道你，你的個人品牌就會成為企業的寶貴財富。

樹立個人品牌，僅靠埋頭苦幹還不行，一定要在關鍵時刻勇於發出自己的聲音。企業管理者站到臺前來，這本身的個人品牌，是廣告不可能引起的作用，它能吸引更多人的目光，會更集中、更持久。關鍵時刻發出自己的聲音，從消費者腦海裡的品牌排序之中搶先冒出頭來，就能獲得更多的效益。即使消費者當時並沒有買公司的產品，但是這種效應會增加消費者購買該品牌產品的機率。

在這個極度商業化的社會裡，每天數不勝數的資訊被人們接觸，要讓人們清楚地記得你的重要方法，就是敢在關鍵時刻發出自己的聲音。個人品牌一定是在互動的過程中得到昇華的，所以，首先，一定要和目標客戶進行溝通，了解他們的想法，在公眾心中形成良好的口碑，提升個人形象；其次，需要在圈內或公眾面前經常露臉，傳遞自己的理念，讓更多的人為你的品牌傳播，你所發出的聲音一定要具有獨特的價值主張和個性；最後，一定要注意言行一致，才會形成良好品牌。

第五節　突出個性，要有自己的總裁 Style

播種一個行動，你會收穫一個習慣；播種一個習慣，你會收穫一個個性；播種一個個性，你會收穫一個命運。

——【英】普德曼

任何一個人，都應該活出自己的個性。而企業管理者更是如此，個性就像血液和精氣一樣，它從每一個微小的細節，流注和充盈到企業的管理脈絡以及整體構架之中。企業管理者的個性，營造了企業獨有的文化氛圍。在企業家個性的文化遍布時，企業的生命也就得到了生存與發展。企業管理者的個性和精神是「共生」的，彼得‧杜拉克認為，企業家的個性和精神是創新實踐。一個缺乏個性的企業管理者，是無法讓企業創造新的生機與活力的。

越來越多的企業管理者都非常注重打造自己的個人品牌，注重自己的個人形象。但是，人們每天接收的資訊實在是太多了，具有個性的、明顯風格的個人品牌無疑會引起更多人的關注。卡內基說，一個人的成功，只有 15％歸結於他的專業知識，還有 85％歸結於他表達思想、領導他人及呼喚起他人熱情的能力。從目前來看，還有許多大眾品牌與其 CEO 之間的關聯度尚淺，多數觀眾可能還認不出那些和明星們一道出現在廣告鏡頭中的企業家的臉。這個時候，注重創新，具有自己的個性

品牌的企業管理者，才能引起公眾的關注。

很多企業管理者都費心設計自己的個性品牌，這不僅僅是包裝自己，實際上是輸出企業品牌的一種手段。為了使企業獲取先機，注意力是非常重要的，這對企業管理者表達、包裝、造勢本領都是相當大的挑戰。

企業管理者個性品牌的類型有很多種，本色出演也好，有個性的某個方面的展示也好，為了匹配企業的管理理念而精心設計的活動也好，總之，基本原則是風格鮮明且給公眾留下想像空間。一旦樹立起這種個性形象，就會成為企業整體運作鏈、傳播鏈中的一環，成為一種無形資產。

怎樣才能創建出個性化的品牌呢？我們可以從以下三個方面著手：

第一，要有創新精神。企業不創新定當走向衰敗，企業管理者不創新，就會落入俗套，步入後塵。創新是最重要的，只有個性化的個人品牌，才會在資訊爆炸的今天吸引別人的注意力。在創建自己的個性品牌的時候，不要做別人做過的事情，再重複是沒有價值的。一個勇於創新的企業家所領導的企業，必將不斷給市場製造驚喜，經常讓競爭對手措手不及。有個性的企業管理者，才能帶出具有個性化的企業。因此，不斷創新，具有鮮明的個性，在市場競爭中才會有足夠的競爭力。

第二，積極表現自己的特點，自我推銷。要想建立強勢個

性化的品牌，就必須要有很強的自我推銷意識，要善於在不同的場合、人群中進行自我推銷。除了撰文、個人站點、人脈轉介、演講等方式，還可以透過其他獨特的方式把自己推出來，擴大自己的影響面。

第三，必不可少的智慧和幽默。除了推銷自己的意識和勇氣，還要有足夠的智慧和幽默，利用一切機會傳播自己的焦點，讓自己的焦點真正成為大眾的焦點。幽默是一種大智慧，不僅能提升自己的修養，它還是一種豐富語言的藝術。因此，企業管理者可以透過智慧和幽默的語言，展現自己的個性，經常發出你的聲音，抓住一切可能的機會，在行業的論壇、會議、媒體上發表你的觀點和構想，樹立你自己鮮明的觀點旗幟。

第六節　小心，不要踏入個人品牌的迷思

隨便哪個傻瓜都能達成一筆交易，但創造一個品牌卻需要天才、信仰和毅力。

—— 大衛・奧格威（David Ogilvy）

企業管理者個人品牌直接影響企業的品牌，因此，打造和維護個人品牌是一個企業管理者應該做的事情。但是在這個過程中，卻經常出現不能正確了解個人品牌的事情，花了大力氣，卻沒有效果，甚至毀了好不容易才打造出的品牌，既影響

了個人形象，又使企業品牌蒙受損失。

　　具體來說，常見的個人品牌塑造主要存在以下七個方面的迷思：

　　個人品牌定位模糊。要打造具有個性化的個人品牌，首先要進行明確的定位。許多企業管理者並沒有進行市場調查分析，不知道自己在別人心中是什麼形象，不了解別人對自己的看法，不清楚別人是如何議論自己的。原因有很多，比如害怕聽到別人的批評和議論，不在乎別人的看法，缺乏自省精神。這樣的結果，必然導致企業管理者對自己個人品牌缺乏相應的了解，或者在語言和行為上體現的個人品牌出現了斷層，品牌定位模糊。

　　急功近利，盲目炒作。個人品牌的形成需要一個較為長期的過程，而有的企業管理者急功近利，總想一夜暴富，進行盲目炒作。這樣做不僅不利於個人品牌的打造，反而有損自己的品牌形象。大家都知道古代有個叫仲永的人，他可謂是天資聰穎，本有大好前途。可正是因為他的父親太急功近利，過於盲目炒作，反而使仲永落於平庸。不下功夫累積知識與經驗，根基還沒有牢固，就直接進入爆發期，以博取名利，不僅不能打造出自己的品牌，反而會毀了可能名揚天下的品牌。

　　在現代資訊社會裡，企業管理者為了打造個人品牌，離不開廣告、運作、策劃等宣傳手段，但企業的根基，還是其核心

競爭力帶來的利潤。有的企業管理者成功之後，不注重內功修煉，一味地為打造品牌而盲目宣傳炒作以博得媒體曝光頻率，其實這樣做並不能提升自己的品牌，甚至還有可能適得其反。

不注意個人品牌的維護。企業管理者形象就是企業形象和品牌形象的集中體現，娛樂明星或體育明星的緋聞或許能增加自己的人氣，但是明星企業家一旦出現問題，受損的不僅是個人的形象，而是企業形象和品牌形象。企業管理者的經營手法若違反公認的道德準則，一旦揭露出來，也有可能給企業帶來災難。因此，無論企業發展到哪一個階段，對個人品牌的維護一定不可缺少，切不可撿了芝麻丟了西瓜。

不捨得在品牌維護上投資。維護品牌就得花錢，提高自身實力要花錢，自身外在形象塑造要花錢，傳播自己的品牌也要花錢，這些都離不開廣告宣傳、媒體報導。但有不少企業管理者認為創業來之不易，不應該在個人品牌的維護上投入大量資金，而應該重收益、輕投資。其實，這樣的想法是完全錯誤的。優秀的個人品牌一旦建立，它所帶來的效益遠遠勝於你的投資，至少在人們選擇產品的機率上就會贏得先機。

我們或許都還記得 1996 年美國總統柯林頓謀求連任時是如何改善自己在美國民眾中的品牌形象的。

1996 年，柯林頓想謀求連任，但卻受到桃色新聞的困擾，為了改善他在民眾心目中的品牌形象，他花錢請了一家公司幫

助他解圍。於是就出現了非常感人的一幕：臺上柯林頓正在激情演說，天花板的吊燈卻突然間掉了下來，而吊燈下正站著協助柯林頓演講的希拉蕊夫人。按人們正常的反應，柯林頓總統一定會本能地躲避危險。但是，事情卻與人們想像的完全相反，柯林頓在情急之中，竟然非常迅速且一把將希拉蕊攬入了自己的懷中。燈掉在地上，發出巨大的響聲，濺起碎片，而希拉蕊夫人卻有驚無險，安然無恙。事發後，柯林頓很快恢復了平靜，像什麼事情都沒有發生過一樣，繼續開始了演講。而這樣的一幕，卻感動了當時的許多美國選民，他們腦海中的桃色新聞蕩然無存，紛紛把自己的一票投給了柯林頓。

就這樣巧妙地設計，柯林頓最終維護了自己的形象，贏得了大選。

柯林頓都需要花錢請人維護自己的品牌，身為一個企業管理者，更應該如此。不要吝嗇資金，維護你的個人品牌，你會得到意想不到的驚喜。

個人品牌勝於企業品牌。有時候我們衡量一個企業家的聲望，會從個人、企業、產品的影響力等多方面去判斷。企業管理者打造個人品牌，目的是透過具有影響力和聲望的個人品牌去營造產品和企業的影響力，甚至企業品牌。個人品牌是一種工具，而最終的企業品牌是目的，切不可重個人品牌而輕企業品牌。福特公司董事長亨利·福特因其發明分工合作的流水線

生產方式而全球著名，以至於一個世紀過去了，企業家換了好幾代，福特公司還保持著活力。

　　只注重外表的包裝就好。現在，很多企業管理者越來越意識到個人品牌的重要性，意識到外在包裝的重要性，於是加強了包裝品質的提升。但是，有很多企業管理者卻過度重視外在包裝，忽視了內涵的提升，甚至以外在的包裝來遮掩自身存在的缺陷。建立個人品牌，包裝的確很重要，但包裝的根本目的是為了更好地展示包裝裡面的產品，促進消費者購買。如果只把重點放在外包裝上，不注重內在東西，就會給人華而不實、金玉其外敗絮其中的感覺。當人們從第一印象中回過頭來，或許剛剛才建立起來的個人品牌就會潰不成軍，而企業品牌也會跟著受損。

　　包裝可以傳達品牌內在的品質，但是，它並不是個人品牌的全部，而只是個人品牌的組成部分，只有與品牌的內在價值結合起來，它才有存在的價值。

　　過度曝光宣傳品牌。個人品牌的打造和維護，需要宣傳、曝光以吸引人們的目光，但有的企業管理者過度依賴宣傳，沒有把產品和實業發展、制度建設和內部管理的品牌經營結合起來，曝光率太高，以至於令人厭煩，這樣在無根基的狀態下作秀，最後只能使所有努力功虧一簣。這樣雖然能大幅度提高品牌的知名度，但卻會使品牌失去其曾經擁有的獨特性和神祕

感，而使人們把它當作普通品牌的產品。

　　避免了以上的這些迷思，企業管理者才能更加容易打造和提升個人品牌，使個人品牌真正為企業帶來長久的效益。

第六章　理智授權
── 讓下屬放開手腳做事

授權是企業組織運作的關鍵，它是將完成某項工作所必須的權力授給部屬人員，也就是企業管理者將用人、用錢、做事、交涉、協調等決策權轉移給部屬，不只授予權力，而且還託付完成該項工作的必要責任。授權也是一門管理藝術，充分合理的授權，能使管理者們不必親力親為，從而把更多的時間和精力投入到企業發展上，以及引領下屬更加有效地工作。

第一節　真正好的管理，就是減少管理

管得少，就是管得好。

—— 奇異公司總裁傑克·威爾許

企業的發展離不開完善的管理，但是，身為一個企業管理者，並不是把所有的時間都用在管理上。掌握了管理的藝術，懂得適當授權，才會管得少但又管得好。大家都知道，一個軍隊的元帥和將領主要職責在於調兵遣將，運籌帷幄，很少會親自衝鋒陷陣。企業管理者的主要職責在於公司決策，制定長遠的發展規則，而沒必要事必躬親。企業領導必須具備使用人才、調遣人才的能力，少管，適當放權，讓下屬在工作中充分施展自己的才能。這樣，企業管理才會相對輕鬆而企業又充滿活力。

有一份權威的調查分析報告稱：「在中國企業的每一層次上，80％的時間是用在管理上，僅有 20％的時間是用在工作

上。」針對此項調查，經濟學家胡鞍鋼指出：在西方發達資本主義國家的企業管理工作中，「管」與「理」的比例普遍遵照的是20：80，恰好與中國企業相反。

或許這就是大多數中國企業缺乏競爭力的原因之一吧。

老夏是深圳一家電子公司的老闆，公司成立有好幾年了，過得真累，為了公司的事情，幾乎搭進去了自己全部的時間，甚至生病時也在工作。

老夏技術超群，有較高的專業技術能力。公司成立後，他把所有心思都用在了公司管理上。大到公司決策、原料採購、產品生產、產品銷售，小到公司年會、部門活動，事無巨細，他都親自安排，親自過問。甚至員工請假，他都要親自審批。他幾乎沒有自己的時間來思考公司未來的發展，而在他細緻入微的管理下，公司的中層人員和員工也沒有了熱情，什麼事情都要諮詢老夏。

有一次，老夏生病了，不得不去醫院輸液。剛剛躺下，電話就響了，人事部打來電話說，前幾天公司準備引進的一批人才來了，請老夏親自過去面試審核。老夏是一個非常注重人才的人，一聽這話，立即拔掉液體，匆匆趕向公司。

但即使他如此用心用力，企業的業績卻並沒有好起來，相反，員工們卻越來越懶散，抱怨也越來越多。

老夏身為老闆，是一個好的管理者嗎？答案是否定的。老

夏事必躬親，習慣於相信自己，放心不下他人，雖然各個部門設有管理人員，但形同虛設，他經常干預別人的工作，這樣就會形成一個怪圈：企業管理者喜歡從頭管到腳，越管事越多，獨斷專行，疑神疑鬼累得要死。而部下呢，就會越來越束手束腳，養成依賴、從眾和封閉的習慣，把最為寶貴的主動性和創造性丟得一乾二淨，無形中成為管理的「俘虜」。職工這裡不能動，那裡不能做，生怕越過權限半步，逐漸養成依賴的壞習慣，久而久之成了不撥不動的算盤珠。不僅如此，這樣的管理還會嚴重挫傷員工的自尊心和歸屬感。這樣的管理狀況長久地持續下去，管理者和員工之間很難建立起良好的信任關係，形不成有效的授權和責任機制，員工缺乏使命感和工作動力，這樣的企業，怎麼會走得長遠呢？

有些老闆把權力看得過重，「寸權必留」。這樣事無巨細、大包大攬地工作，不僅使自己疲於奔命，還可能讓下屬覺得自己無能，嚴重挫傷他們的工作熱情。如果管理者將太多的精力和熱情傾注於「管」上，習慣於發號施令，習慣於不停指揮，那麼原本很簡單的事情就會變得很複雜，工作沒有進展甚至更加遠離目標，部門之間互相推諉，制度和流程成了擺設。

但是，是不是授權就能管得好呢？

李老闆是一個經銷商，他也知道授權的重要性。於是有一天，他把員工召集在一起開會，商討授權的問題。

他說：「很多人都提出了建議給我，現在公司規模越來越大，什麼事情都是我一個人說了算，這樣的確不利於公司的發展。所以，從今天開始，我採取授權管理，請大家替我分擔一些擔子。採購、倉管、銷售、服務、財務等各個部門，你們在各自的職責範圍內可以自己拍板。不過，在做出任何重大決策之前，請先徵求一下我的意見，而且請記住，不要做那些我不會去做的決定。」

安排妥當之後，李老闆心想，自己從今天起可以過得輕鬆一些了。但是，接下來的事情，卻讓李老闆始料未及。

採購部門認為必須嚴格遵守老闆原來的做法，按公司原來的進貨管道，繼續採購那些公司一直銷售的產品，不管產品型號、款式，不管產品在當前是否適銷對路，也不管銷售部如何叫嚷，照進不誤。

這樣一來，銷售部的日子就不那麼好過了。面對著這些新進的過時的產品，他們急得像熱鍋上的螞蟻。於是，他們向老闆提出做些小小的促銷活動，以提高產品競爭力。

促銷活動是常事，李老闆沒有細加追問就同意了。於是銷售部的員工們就下到各銷售實地去，自作主張贈送了大量的促銷品給客戶，承諾更多的服務內容。產品銷量快速上升，但到月底一算，銷售總量上升了，利潤總額卻相比下降了。

李老闆的確是授權了，但達到授權的目的了嗎？他的確是

管少了，但是管好了嗎？身為企業的管理者，不僅要善於放權，還要懂得掌握權力的集中與分散之間的度，老闆和下屬之間要各謀其職，各負其責。身為企業的管理者，首先要搞清楚自己的責任是什麼，哪些工作該自己管，哪些工作是下屬的事；該給下屬的權力，上司不要占有；該是自己行使的職權，自己不能疏忽。但是，主要權力要集中在管理者的手中，分散部分權力給下屬，正所謂「大權獨攬，小權分散」。只有上下都能發揮積極性，才會形成一個合力，成就一番事業。而李老闆只注重了授權，卻沒有行使好自己的權力，這樣的結果，必然導致企業各個部門銜接不暢、溝通不力、越管越亂的現象。

既要「管得少」，又要「管得好」，企業管理者就必須進行合理的授權。到底該如何管少又管好呢？

第一，要明確授權的內容，找到合適的授權人並充分信任。並不是所有的員工都可以得到授權，儘管有的員工經驗多，如果不擅長某項工作，或者沒有強烈的意願，也許就沒有那些雖然經驗淺，但有心學習而積極爭取的人更適合。同時，在授權之前，管理者要明確知道哪些事情需要授權，哪些是必須自己親自處理的事情，這樣在操作期間才會更有條理。授權之後，要充分信任，員工感受到這份信任，才有信心並且努力做好。

第二，要讓員工確定績效指標與期限，授權的限度要弄明白。授權之後，要讓員工了解自己在授權下必須達到哪些具體

的績效目標，在什麼時間內完成。只有清楚了這些，才能有基本的行動方向。授權不是單單把事丟給員工，更要讓他明白管理者期盼會達到什麼樣的效果。有些員工不能確定自己的績效目標和權力期限，會自作主張，做出一些超出授權的事。

因此，企業管理者最好在放權時能特別交代「底線」，一旦快要觸碰到了，就要提醒他們，這樣可以防止他們擅自跨過界線。

第三，授權之後不能不聞不問，要適時了解情況。不要以為授權之後每個員工都明確了自己的目標就可以不管不顧，只等著出成果了，這樣的授權因為沒有監管而會出現意想不到的情況。你可以不必緊盯著人，但一定要注意員工的狀態，適時地給予鼓勵，提一些意見和建議。

第四，要有支持措施。授權後，有的員工會有所顧忌，怕自己做得不好。此時，應該讓員工知道，企業管理者會站在背後支持他們，提供他們幫助，提供需要的工具或場所，遇到問題可以尋求管理者的意見和支持。這樣可以使員工放開手腳，不斷提高自己的能力。

一個聰明的企業管理者，應該在該放手時放手，盡可能達到「無為而治」的狀態，這樣才能使你與下屬得到「雙贏」的結果。人人學會自我管理，恪盡職守，這樣不但可以將你從繁忙的事務中解脫出來，同時還能給你的下屬一個很好的鍛鍊機會。

第二節　讓自己閒下來，讓員工忙起來

管理層次越少越好。

—— 克萊斯勒汽車公司董事長本‧比德維爾

身為一個管理者，一定要懂得授權，面對很多有才華的下屬，授權既有利於自己集中精力辦大事，又有利於增強下屬的責任感，充分發揮他們的積極性和創造性。「無權不攬，有事必廢。」一個不願授權、什麼都做的管理者，他領導的企業一定是一個缺乏活力的企業。因此，領導力培訓專家史蒂芬‧柯維明確指出：「身為管理者，別攬權在身。」

企業管理者不需要什麼事情都管，什麼事情都做。他只需要做好兩件事，那就是「安人」與「調整」，要做好這兩件事，一定要懂得授權。如果事情無論大小，員工都要向企業的管理者請示，這樣不僅管理者累，員工也會很累，更會容易形成依賴的心理。這時候我們就要考慮把權力下放到企業的員工，讓員工自己決定和解決一些小事。但是在企業的實際工作中，許多管理者整天忙得焦頭爛額，希望每件事情經過他的努力都能圓滿完成，這種事事求全的願望雖然是好的，但常常卻是總裁累死，員工閒死。

尤金‧杜邦是美國杜邦公司的第三代繼承人，是個典型的喜歡事必躬親、大包大攬的人。

尤金・杜邦在掌管杜邦公司之後，對大權採取絕對控制，他獨自制定公司的所有主要決策，甚至許多細微決策，親自開所有支票，簽訂所有契約，親自拆信覆函，一個人決定利潤分配，親自周遊全國，監督公司的好幾百家經銷商，在每次會議上，總是他發問，別人回答……

尤金的絕對式管理，使杜邦公司在強大的競爭對手面前連遭致命的打擊，瀕臨倒閉的邊緣。

而尤金本人也陷入了公司錯綜複雜的矛盾之中。1920 年，尤金因體力透支去世。合夥者也均心力交瘁，兩位副董事長和祕書兼財務長最終相繼累死。

擊垮尤金的難道真的是那些滅頂之災的挑戰嗎？其實不然，而是那些看似雞毛蒜皮的小事。究其根源，就在於企業管理者不善於授權。這也足以說明，合理授權對於管理者實現企業目標至關重要。松下幸之助曾經說過，「管理一百人的企業要懂得身先士卒，管理一千人以上的企業要懂得知人善任」。當企業規模較小時，管理者必須以身作則，和員工一起埋頭苦幹。隨著企業不斷發展壯大，企業管理者就要適當放權，讓自己閒下來，讓員工忙起來，既可以使自己解脫出來做更重要的事情，又可以鍛鍊員工能力，激發員工的工作熱情。

事必躬親，總裁越來越忙，員工越來越閒，因為員工按要求做事，沒有主動性和創造性，不怕承擔後果；授權給員工，

總裁越來越閒，而員工就會越來越忙，因為他要學會決策，要對結果負責。很多總裁喜歡顯示天威難測，員工總是時常用心揣摩總裁的心意，因而覺得工作壓力很大。授權給員工，員工就會自動自發把工作做好，這樣，員工不但沒有工作壓力，身心愉快，工作效率也就自然提高。

曾在哈佛商學院接受過培訓的某管理者說過這樣的話：管理者應該是做減法的角色；員工理應是做加法的角色。的確，高明的管理者善於在適當時候做「減法」，下屬發揮能力的空間就大。

企業管理者說話少了，其實反映了兩層意思：一是管理者自己相對閒下來了，超脫了，開始做更重要的事情，員工得到了更多的空間，忙起來了，組織也運行自如了；二是員工能夠自由地思考和表達自己的想法了。

管理和說話是一樣的道理，管理者的話滔滔不絕，員工就沒有機會說話了，而當管理者的話少了的時候，員工闡述自己的觀點和看法的機會就多了。同理，企業管理者如果過多地管理，這樣的管理就失去了意義。管理者最好能把注意力放在結果上，而把過程交給員工，這樣不僅能充分調動下屬的積極性，使員工放開手腳工作，還可以克服下屬對領導的依賴思想，激發他們的創造精神，提高獨立工作的能力。同時，減少了請求報告的工作程序，提高了工作效率，最重要的是可以使

企業管理者從中解放出來，集中精力掌握好大事。

　　不管怎樣，企業的管理者一定要永遠做最重要的事、決定正確的事，還要懂得合理授權，不斷地分出別人會做得更好的事，讓自己閒下來，讓員工忙起來。

第三節　授權是培養人才的第一步

　　能用他人智慧去完成自己工作的人是偉大的。

　　　　　　　　　　　—— 管理專家旦恩·皮阿特

　　適當的授權，企業管理者就可以花更少的時間去執行，花更多的時間去「理」。不僅如此，適當授權，還是培養人才非常重要的一個環節。授權給合適的人，可以讓他們完成具有挑戰性的任務，提高他們的能力，以便將他們推升到超越目前績效水準的層級上。所謂「君忙國必亂，君閒國必治」，最少的管理才是最好的管理。而要達到這種管理境界，必須要培養一批能夠擔當重任的人才，最好的方法，就是授權。

　　艾德·布利斯是美國著名的管理顧問專家，他有一句名言：一位好的經理總是有一副憂煩的面孔 —— 在他的助手臉上。這句話的意思是說，好的經理懂得向助手或下屬授權，充分調動他們的主觀能動性去完成工作任務，而不是自己包攬一切，結果使自己疲憊不堪，面孔憂煩。布利斯指出：現在太多的經理

要享有決定一切大小事務的那種萬能的權力，這不只是不能很好地利用自己的時間，而且也阻礙了下屬的創意發揮和成長。

因此，為了提高員工的工作主動性和積極性，企業管理者要懂得適當授權，透過授權，從員工中培養出一批優秀的人才，讓他們掌握部分權力，花時間替你管理，使企業各環節流暢而高效地運作起來。

在眾多知名企業中，思科總裁錢伯斯也許是最樂於授權的 CEO。錢伯斯非常清楚，一個人的能力是有限的，只靠一個人的智慧指揮一切，或許一時能夠取得驚人的進展，但終究會有行不通的一天。因此在工作中他非常樂意授權，這使他能夠自由地旅行，盡可能多地尋找促進思科壯大發展的好點子和好機會。

錢伯斯認為，所謂最有能力的總裁，並不是那些大權在握、行集權統治的獨裁者。他很早就意識到，一個人的力量總是敵不過一群人的，如果這一群人恰好都是一些具有非凡才幹的人，那麼以一個領導這些優秀人才的領袖來說無疑就是最幸運的人。

在思科公司，錢伯斯樂於授權使每個員工在工作中發揮自己的聰明才智，調動每個人的積極性，公司上下集思廣益，群策群力。更重要的是，透過授權，錢伯斯為思科公司打造了一批技術和能力都超群的人才。錢伯斯認為，思科公司今天的成

功不僅僅是靠執行長的領導，也不僅僅是依靠高層管理人員的努力，而且是依靠全體思科員工的集體努力才獲得的。

　　善於授權和用權，借力成事，培養人才，這才是一個聰明的領導人，一個真正懂得授權的管理者。企業要想提升員工的能力，培養優秀的人才，在發展到一定階段的時候，管理者就要進行適當的授權管理。這對員工來說，是一種極大的鼓勵，感受到了公司的信任和對自己的賞識，就會產生歸屬感和主角責任感，這對企業的發展是非常有利的。同時，在這個過程中，一部分人透過自己的判斷和決策，能力得以充分的發揮和鍛鍊，無論是管理上還是業務上，都能達到更高水準。

　　管理者必須能夠有效地將權力賦予下屬，讓他們更加積極地參與到企業的運作和管理上來，這樣就會培養出一批優秀的管理人才。諸葛亮不懂得授權，所以直到累死也沒有人能代替他主政蜀國。在這個問題上，日本松下電器的創始人松下幸之助的話頗耐人尋味，他說：「授權可以讓未來規模更大的企業仍然保持小企業的活力；同時也可以為公司培養出發展所必需的大批出色的經營管理人才。」放權讓下屬去做，並非表示自己的無能，相反，這是管理中的大智慧。給猴子一棵樹，讓它自由攀登；給老虎一座山，讓它縱橫馳騁，這就是管理用人的最高境界。

　　惠普公司被稱為「矽谷常青樹」，其中一個原因就是惠普一

直堅持授權給員工，並充分信任和尊重員工。在這方面，惠普是一個包容性很強的公司，它只問你能為公司做什麼，而不是強調你從哪裡來。處理問題時，只提出基本的指導原則，卻把具體細節留給基層經理，以便做合適的判斷，這樣公司可以給員工保留發揮的空間。惠普是最早實行彈性工作制的企業，允許科技人員在家裡為公司做工作。惠普不歧視離開惠普又想返回的人才，曾經有一位高級副總裁在惠普的經歷是三進三出。惠普實行分權管理，在公司管理層的支持下，各級人員在自己的工作範圍內各負其責，自我管理。公司鼓勵員工暢所欲言，要求員工了解個人工作情況對企業大局的影響，並不斷提高自身的技能，以適應顧客不斷變化的要求。

惠普公司善於授權並充分信任和尊重員工，以此來培養企業的優秀人才。當這些優秀的人才培養起來以後，企業管理者就會感覺輕鬆許多。

授權以培養人才的重點在於，如何透過提供員工履行更多職責的機會，拓展他們的能力。所以，一個企業管理者必須要掌握授權的技巧，不至於事與願違。

首先，授權之前要明晰權責歸屬，以便順利完成工作或任務。授權並不意味著混淆工作職責。身為企業管理者，在授權之前，應該要確定對方能否準時、恰當地完成任務，應該要求對方要對最終結果負責。在授權之後，身為管理者不可真的

當起甩手掌櫃，而應該在這個過程中適時地提供幫助與指點，讓員工不斷地累積經驗，但即使工作沒有完成好，也不能責備員工。

其次，要確保得到授權的員工擁有相應的權力。得到授權的員工通常需要得到其他人的支持、協助、合作才能圓滿完成任務，同時也應該得到必要的資源。所以，在這個過程中，要督促其他部門與管理者進行配合與協調，並給予充分的支持。

最後，充分信任，及時溝通。所謂「疑人不用，用人不疑」，授權之前一定要選好人，而對於授權的員工，一定要給予充分的信任與尊重，要相信他有能力完成工作。只有讓其感受到這份信任和尊重，他才會更加有自信，工作積極性會更加高漲。同時，在完成工作的過程中，要及時就授權的內容及預期的結果與員工進行明確的溝通，了解存在的困難。

第四節　透過授權，把員工培養成獨當一面的大將

授權並信任才是有效的授權之道。

—— 管理專家柯維

辦公桌上文件堆積如山、電話鈴聲接連不斷、訪客絡繹不絕，上司忙得不可開交，這是很多企業總裁每天要做的事情。造成此種狀況的原因要不就是做事的方法不對，要不就是不懂

授權，大權獨攬，本不該自己做的卻在用心地做。

大量事實證明，如果企業總裁獨自決定一切事情，事必躬親，極易導致失敗。總裁是企業的經營者，經營者首先要明白自己的三大職責：首先要有長遠的眼光，為公司的將來設定正確的方向；其次，要把適當的人才安排在合適的位置上；最後，對各階層的每一個人進行查證，是不是確實達成預先設定的標準和期望。除了掌握未來方向之外，總裁所要做的，無非是辨識人才，以便把合適的工作交給他去做。

如果企業總裁不懂得授權給員工，把員工培養成獨當一面的大將，結果就是自己忙得要死，而下屬則袖手旁觀。企業每年都要引進一批人才，如何使這些人才充分發揮他們的才能，使每個人都為企業的有效運作發揮最大的力量，這才是總裁需要思考的問題。

有的管理者整天忙得要死，大事小事一把抓，問他為什麼不考慮把一些重要工作讓下屬分擔，他一臉愁相：公司沒有能幹的人，交給誰也不放心。公司真的沒有能幹的人嗎？恐怕是自己沒有給下屬充足的鍛鍊機會，或者在某些方面處理不當，大大打消了他們努力工作的積極性。

現在市場競爭越來越激烈，員工的流失率也非常高。想要員工成為企業最為忠實可靠的夥伴，最值得信任的夥伴，讓企業獲得足夠的競爭力，就必須給員工適當的授權。對員工的授

權不僅僅是授予其權力，而是管理者在將必要的權力、資訊、知識和報酬賦予員工的同時，讓他們更能主動地、創新地工作，充分發揮他們的智慧和潛能。

為什麼授權能把員工培養成獨當一面的大將呢？

第一，授權可以提高員工工作的靈活性。員工可以根據需求調整自己的行為，按照自己認為最好的方式行使權力，在第一時間糾正差錯，在每一個關鍵時刻，迅速採取補救性措施。這就使員工工作機制出現彈性，明確自己的績效目標，並選擇最快最好的方式努力完成目標任務。

第二，授權可以改善員工對工作的理解。授權可以反映一種心理上的態度，可以增強員工的工作控制感，可以讓他們擁有發言權，使他們感到自己是工作的「主人」，感到工作非常有意義。

第三，授權可以增加員工的快樂體驗。員工得到授權，可以感受到來自管理層的信任，工作熱情高漲，由被動轉為主動，壓力相對減少，這樣工作就會身心愉悅。在一種快樂的氛圍中工作，員工之間溝通順暢，企業和諧發展，各部門配合協調，效益也就提高了。

第四，授權可以發揚民主，集思廣益。授權意味著鼓勵員工發揮主動性和想像力，增強責任感。員工清楚知道自己工作中的問題和弊病，透過授權使他們更能針對工作中的問題提出

自己的想法，集思廣益來改善和提高工作效率。

企業管理者授權給員工之後，員工提高的不僅是個人的工作效率和能力，更重要的是他會站得更高，看得更遠，會試著站在企業管理者的高度去看企業的發展。他們會以一種主角精神來對待工作，這種自助自發的工作狀態，僅靠企業管理者事無巨細的管理是得不到的。

有一家南方的辦公用品公司，為了開拓北方市場，急需找一個能負責這一新區域的市場管理者。為此，公司選擇了一位業務能力強，並且平時經常有自己獨特意見的業務骨幹為培養對象。在計畫開始前，公司僅付給他了一定的資金，讓他在三個月之內了解北方地區的市場狀況、消費心理，並根據調查，擬出公司開拓這一區域的可行性報告。經過了一段時間的獨立考察，該業務骨幹順利開拓出北方市場，成為公司獨當一面的管理者。

上面案例中的授權，沒有確定的目標和工作程序，只是一種試探性的任務。接受任務的人，只是憑藉著自己的努力和創造力來完成任務，在這個過程中，他不斷成長。當他圓滿完成任務的時候，也成為公司能獨當一面的大將了。即使他不能完成任務，他也可以透過這次授權，從中獲得寶貴的經驗，提高自己的能力。

與一般授權不同，要想培養出獨當一面的大將，僅僅靠一

般的獨立性的工作來培養是遠遠不夠的，還必須注意以下幾點：

第一，授權的任務要有相當的難度。僅僅是程序性、執行性的授權，是難以培養出獨當一面的大將的。授權任務必須要求其具備相當高的專業技術或業務能力，而企業管理者在授權之前，一定要經過縝密思考和嚴密的計畫才能授權，否則就會達不到授權的效果。

第二，授權任務要具有相對的長期性和複雜性。急功近利往往是成不了大事的，一個欲成大事的人，僅靠能力是遠遠不夠的，還需要耐心和毅力，歷史上有很多著名的人物就是因為急功近利，不肯等待最終功敗垂成。而授權任務的時間和複雜程度，可以考驗一個人的耐心和毅力，有能力而無意志力的人也難成大器。所以，授權任務要求接受任務的人要有堅強的毅力和耐心，能堅持自己的理想，能理性地面對事情並進行冷靜的分析，制定出相應的對策。

第三，授權的任務不能死板，要有一定的靈活性。大多數情況下，一個能在企業中獨當一面的人，必須具備靈活變通的能力。如果員工是一個僵硬死板的人，一旦遇到突發情況，會因為忙於請示而耽誤時機，或不懂變通而做出錯誤決策。

第五節　要控制好權限，授權但不要被篡權

成功的企業領導者不僅是授權高手，更是控權的高手。

—— 管理專家彼得·史坦普

合理正確的授權不僅可以把企業管理者從繁忙中解救出來，思考更重要的大事，還可以調動下屬的積極性，管理者還能在授權的過程中，發現人才、鍛鍊人才、培養人才。但是，授權時一定要控制好權限，授權必須可控，能夠收放自如，不可控的授權必然失敗。

授權如果不能控制好權限，就會導致授權後領導者對下屬沒有約束力，下級不聽命於上級，出現侵犯上級職權即越權的現象，嚴重者甚至可能出現篡權的現象。下級越權或篡權是非常可怕的事，因為他既沒有具備上級的領導能力，又不能負責。篡權既損害了直接上級的威信，也會使組織出現指揮混亂的局面，影響組織任務目標的完成。所以，授權一定要控制好權限，做到能放權也能收權，並加強對被授權者的監督控制。授權管理的本質就是控制。

許多企業管理要麼不授權，要麼授權後什麼事都可以不管不問。其實，這都是錯誤的觀念。卓越的企業管理者不僅是一個授權的高手，更應該是一個控權的高手。否則，會使授權失去意義，使公司遭受損失。

1984 年 4 月，宏碁公司總裁施振榮任命劉英武為宏碁執行總裁，自此之後，自己就陷入了爭吵和痛苦之中。劉英武是作為人才被引進公司的，當時劉英武是美國電腦界最有聲望、職務最高的華人。施振榮將他招入公司後幾乎沒加思索就把公司所有的經營決策權交給了他，本期望可以透過劉英武先進的理念使公司效益進一步得到提升。可沒想到，劉英武一上任，就採用高度集權的管理方式，放棄了公司長期實行的「快樂管理」，獨斷專行，不允許下屬發表過多意見。他做了一系列失敗的收購決策，導致公司遭受巨大損失，致使員工議論紛紛，人心浮動。施振榮無奈，只有重掌帥旗，整頓公司。

　　造成宏碁公司災難的原因是什麼？答案很明顯，因為施振榮的授權是一種沒有控制的授權。如果他在授權之前，能夠對劉英武的權力做出限制，讓他明確公司內哪些東西可以改變，哪些東西不能改變，並對他的決策權力進行一定的指導和控制，建立錯誤的糾正機制，就可以避免失敗的結果。說到底，企業管理者要明白，授權必須是可控的，不可控的授權就是棄權。授權要有合理的權限範圍，合理授權，又合理控權，二者相輔相成，才能確保對系統實施有效控制，確保權力有序運行。

　　企業管理者不僅要明確授權的範圍與權限，在授權後還一定要進行跟蹤與監督，及時發現問題，並予以正確的指導，否則，也容易導致授權失控。

適當的授權和授權後適當的監督，都是非常必要的。「任何事情只要有向壞方向發展的可能，就一定會向那個方向發展。」這是管理上著名的定律 —— 墨菲定律。沒有監督的授權是很危險的。有效授權建立在信任的基礎上才能有效，但僅有信任是不夠的。「信任固然好，監控更重要」，授權管理的本質就是監控和督查。

企業管理者授權需要拿捏分寸。授權過少，會造成管理者工作太多，下屬積極性受挫；過度授權，會造成工作雜亂無章，管理者放棄職守，使管理失去控制，更有可能造成越權和篡權情況的發生。授權要做到：授予的權力剛好夠下屬完成任務，不可無原則地授權；必須分清哪些權力可以放，哪些權力應該保留。一般來說，有關全局的重大責權不能下放，尤其是策略層面的決策權。那麼，怎樣才能控制好授權的權限呢？

第一，在與被授權者溝通之前，要確保已經清楚地知道自己授權的內容、為什麼要選擇授權給這個員工。明確授權的內容很重要，這樣在溝通的過程中，就能準確地讓被授權人知道自己的權限範圍，哪些是自己應該做的，哪些是不應該做的，要達到什麼樣的目標，可以採取的方式等以及達不到目標後的收權等。明確授權內容，可以有效地防止越權事件的發生。

第二，要解釋你授權給他的原因，以及讓他明白這項工作的重要性，它將如何幫助達成企業的目標，以及對員工的好

處。當被授權者了解這些後，會感覺到自己的被信任以及上司對他的器重。這樣就會對企業管理者產生一種無意識的服從，即使他掌握了部分權力，他也會懷有知遇之恩，從情感上來說不會篡權。

第三，授權追蹤與監管。很多企業管理者在授權之後經常會忘記自己的授權內容和目標，任其自由為之，這樣的結局必然導致企業管理混亂，甚至直接威脅到企業管理者的權力。對於已下達的命令進行追蹤和監管，是確保命令執行的最有效的方法之一。因此，在授權之後的一段時間，企業管理者要親自觀察命令執行情況並予以指導。命令追蹤與過程監管的目的在於是否按原定計畫執行，以及執行命令的效率。

第四，既要有目標控制，又要有態度支持和獎勵措施。企業管理者要根據工作目標和績效標準進行過程控制，分別檢查，並建立定期匯報制度，保證授權是按預定目標前進。同時建立相應的獎懲措施，當目標任務順利完成，要予以被授權人精神和物質上的獎勵，而當被授權人的行為偏離了原來預定的軌道，甚至給部門或全局造成損失時，應該立即停止授權。

總之，授權不只是圖省事、享清閒，企業管理者只有正確的、合理的授權，才會有效地控制好權限，杜絕越權甚至篡權的事情發生。

第六節　用人不疑，
　　　　敢授權就要讓下屬放開手腳做事

用他，就要信任他；不信任他，就不要用他。

—— 松下幸之助

人與人之間的信任非常重要，企業管理者如果能培養起信任別人的度量，不但可以提高辦事效率，還可以多一些左膀右臂，使企業運轉更為靈敏，企業效益增長更快。企業管理者對下屬能不能信任，下屬能不能安心為企業服務，對企業來說至關重要。當企業管理者給予下屬充分信任之後，他就會在這個舞臺上充分發揮才幹。

企業管理者授權是必不可少的，而授權最重要的一條就是信任。一些小企業之所以不用授權，不用信任別人，是因為它永遠都是小企業，永遠都成長不起來。聰明的企業管理者知道，信任是一種財富，一開始可能只是付出，但將來收穫的會更多。大膽授權，用人不疑，充分發揮人才的聰明才智，讓下屬放開手腳做事，是每一位企業管理者成就一番事業的重要保證。美國王安公司的興衰史，或許可以給我們一些啟示。

1984 年的美國王安公司可以說人力資源雄厚，這一年，該公司的營業額高達 33 億美元，僱有員工 48 萬名。可是，王安公司卻嚴重缺乏將公司內部員工相互凝聚的社會基礎。王安受中國

傳統文化的影響，對家族外的美國高層領導儘管授權，但是卻不放心，也不信任。因此，當外部競爭環境發生變化時，他卻把公司大權交給了自己的兒子，而本應該繼承權力的美國經理遭到了冷落。他的這一舉動，導致許多有才華的經理人在關鍵時刻離職而去，使公司業績一敗塗地，發展到不可收拾的地步。

松下幸之助曾說過這樣的話：「用他，就要信任他；不信任他，就不要用他，這樣才能讓下屬員工全力以赴。」企業管理者給下屬多少信任，下屬就會還給管理者多少幹勁和成績。這既與被授權者的能力有關，也是管理者高度信任的結果。為了打造家庭產業，王安怕企業旁落他人之手，缺乏對下屬的充分信任，最終遭遇滑鐵盧。

其實許多企業管理者都知道信任別人會給企業帶來好處，可就是不容易做到。那種大權獨攬、發號施令的優越，使他忘記了授權中信任的重要份量。因此，他們在授權的同時，心裡總會有疑惑與顧慮：這麼重要的事情，他能承擔嗎？敏感度這麼高的問題，他會不會洩露出去？諸如種種，充滿矛盾，授權做到了，可是卻沒有信任，反而讓自己焦慮。最為重要的是，當上司以懷疑的眼光去對待員工時，一定會有所偏差，也許一件很平常的事也會變得疑惑叢生了。相反地，以坦然的態度，就會發現對方有很多的長處。

雖然松下幸之助沒有去過金澤這個地方，但是經過多方面

的考慮，最後松下覺得還是有必要在此成立一個營業所。所以，1926 年，松下電器公司首先在金澤市設立了營業所。

成立營業所就必須派一個有能力的人去主持，企業有能力擔當此任的人，為數不少。但是，為了不影響總公司的業務，松下決定這些老資格的人必須留在總公司工作。

這時候，松下想起了一位剛滿 20 歲的年輕的業務員，經過他充分的觀察和了解，他認為儘管他年輕，但一定可以把這件事情做好。於是，松下決定派這個年輕業務員擔任新設立的金澤營業所負責人。

松下把他找來，對他說：「這次公司決定在金澤設立一個營業所，你很有能力，我希望你去主持。現在你立刻去，找到合適的地方，租下房子並設立一個營業所。我已經準備好了資金，你只管進行這項工作。」

這位年輕的業務大吃一驚。他非常驚訝和不安：「我進入公司還不到兩年，年紀也還小，又沒什麼經驗，我怕這麼重要的職務，我不能勝任……」

松下對他非常信賴，所以他用命令的口吻說：「我相信你，你沒有做不到的事，你一定能夠順利完成的。別擔心，你一定可以做到。」

這個年輕的業務員深受鼓舞，一到金澤就展開活動，並把每天的進展情況一一寫信告訴松下，在很短時間內，籌備工作

就已經就緒。於是松下又派了兩三個職員，開設了新的營業所。

　　要想企業和諧發展，用人要有技巧，但是最重要的，就是大膽授權並信任他。通常情況下，授權後充分信任員工，他就會放手做事，會有較高的責任感，所以，無論老闆交代什麼事，他都會全力以赴。相反，如果老闆不信任下屬員工，即使授權後也仍然不斷指示，那下屬員工也只不過是奉命行事的機器而已。

　　松下大膽起用年紀僅 20 歲，剛進公司不到兩年的年輕業務員，並給予充分信任。在這種信任下，年輕人的責任感大大提升，就會發自內心地努力去完成這件工作。正是因為松下的信任，年輕的業務員充分發揮了自己的聰明才智，在最短的時間內籌備好前期工作。

　　用人不疑才能真正培養出獨當一面的大將，即使他在工作中出現一些失誤，也不要懷疑他的忠誠和能力而急於控權換將，而是應該給予更多的支持，表現出更大的信任。這樣不僅可以網羅人心，培養人才，還可以使整個企業生機勃勃，和諧發展。

第七節　授權不能盲目，要根據下屬特長進行

　　授權作為一種領導方法和領導藝術，如果運用得當，就能充分調動起員工的情緒，使員工完全投入到工作中去。優秀的

企業管理者，總是樂於並且善於將權力分配給自己的下屬，他們懂得該放手時就放手，為下屬創造一個施展才華的舞臺。麥可‧波特認為：「領導者唯有授權，才能讓自己和團隊獲得提升。」授權不僅可以使企業管理者有更多的時間去做更重要的決定，思考企業的發展方向，而且可以充分激發員工的工作熱情，讓員工從被動的執行者轉變成具有判斷、創新能力和英明決策能力的人才，並發揮出高效的執行力。

但是，很多管理者即使授權，也往往事與願違，達不到授權的目的，這其中最重要的一點，就是企業管理者授權的盲目。企業管理者授權，一定要授權給合適的人，要根據下屬的特長進行合理的授權。

選用人才，能力固然重要，但是，考察一個人的能力，一定要與相應的職位相結合。有句話說：「大才不可小用，小才不可大用。」一個優秀的企業管理者還應善於評估一個人的能力大小和擅長領域，從而給他一個合適的職位，這樣才能發揮人的最大能量。唐太宗李世民就特別注意能力與職位的關係問題。他明確提出：要根據實際能力降職使用或提拔，根據能力加以任免，既不允許能力低下者長期混崗，也不容許大材小用、浪費人才的現象存在。企業和治國一樣，只有量才而用，根據下屬的特長進行合理的授權，才會達到事半功倍的效果。

美國王安公司由盛及衰的原因之一，就是授權盲目，小材

大用，沒有根據能力進行授權。

1986 年 11 月，王安任命 36 歲的王列為公司總裁。王安像大多數移居海外的華人一樣，有強烈的望子成龍的意識，希望做成龐大的家族企業。

王安生活在市場經濟相當發達的美國，公司內有著各國的優秀管理人才，但他卻執意把公司大權交給大兒子王列，並不管王列是否具備這種才能，或者有沒有這方面的培養前途。王安此舉，使許多追隨王安多年的舊人和一批公司高管憤然辭職，使其公司管理層元氣大傷。

王列上任後，工作表現平庸，他第一次以代主席身分代父主持董事局會議時，根本就不知道公司發生了什麼事情。當時公司已出現財務危機，王列卻大談其他風馬牛不相及之事，令董事局對他大失信心。但在王安的大力支持下，再加上王安身體健康狀況惡化，王列自然手握大權。王列主持工作之後，使公司內部公平與效率原則喪失殆盡，員工們的工作熱情銳減，使公司的財政狀況由不佳變為惡劣。

1987 年至 1988 年，公司虧損額已達 4.24 億美元。至此，王安的錯誤授權，成為王安公司走向衰敗的轉捩點。

其實在王安的公司裡，有許多能力非常出眾的人才。可王安並沒有根據能力和對公司的影響力來決定授權給那些為公司做出巨大貢獻的人，而是選擇了自己的兒子。王安此舉，不但

使公司的老前輩看不到公司的未來，還嚴重地打擊了那些優秀的企業管理者的工作積極性。王安公司本可以繼續發展壯大，但正是由於王安授權的盲目，葬送了王安公司。

在現代企業裡，大材小用、小材大用、盲目授權的現象非常普遍。一些企業領導人的論資排輩、任人唯親等觀念，導致了他們做出錯誤的決定，授權給一些能力和特長無法與職位匹配的人。他們要麼沒有興趣，要麼沒有能力，授權後反而變得越來越糟糕。因此，授權之前一定要認真「找人」，找對人可以提高工作效率，找錯人則全盤皆輸。那麼，如何才能做到授權不盲目，根據下屬特長進行授權呢？

第一，授權給對上級命令忠實執行的人。你所選擇的授權對象，一定是那些能夠對上層決策忠實執行的人。這種絕對執行的人，並不是沒有自己主見的人，而是如果自己的意見與領導層決策有相左的情況，能勇於陳述自己見解和意見的人，和領導層形成良好溝通；如果上級堅持自己的意見，就要服從並堅決執行。如果因自己的意見與上級意見不一致，沒被採納而心懷不滿，或者在執行過程中擅自為之，這種人，要慎重授權。

第二，授權給那些肯動腦筋，經常提出建設性意見的人。僅僅能堅決執行命令還不行，還要能在工作中善於動腦筋，這種人對所在部門所面臨的問題以及將來可能要發生的問題非常敏感，經常向上司提出參考解決的辦法。這樣的員工平時應該

多加培養，必要時授權讓他獨當一面。

　　第三，授權給那些當上司不在時主動負責的人。優秀的員工具有強烈的工作熱情和工作積極性，不管上司在不在，都能夠主動擔負起留守的職責。有時甚至能夠在員工中代行領導權，記錄工作要點並報告給上司。這類員工能把企業當成自己的家，具有強烈的主角責任感。因此，這種員工，也是可以考慮授權的。

　　第四，授權給那些知道自己職能權限的人。被授權人必須知道自己的權限範圍，應該做什麼，什麼事情在自己的權限範圍之內，什麼事情在自己的權限範圍之外。哪些自己可以做，哪些不能擅自做主。並且，當遇到問題時，能及時向上級請示。這類員工也可以根據實際情況合理授權。那些野心勃勃、不會做人的下屬，要當心，不能委以重任，否則極有可能被越權或篡權。

　　第五，授權給那些勇於承擔責任的人。勇於承擔責任的人，在工作中勇於擔當，能夠對自己的所作所為負責任。相比那些在工作中出現差池，就會有成百上千個理由，努力撇清自己的人而言，勇於承擔責任的人，可以授權，加以培養，定能成為企業獨當一面的大將。

　　總之，授權是一把雙刃劍，只有選對正確的人，根據特長進行授權，並在授權之後進行監督和管理，才能保證這把劍戰

勝的是困難，而不會傷到自己。

◆ 總裁智慧錦囊一、本田宗一郎的大膽授權

在日本的企業界，可以說本田就是技術和活力的代名詞，也是日本大學生非常嚮往的就業目標之一。短短幾十年時間，本田能取得如此的成績，與它的創立者本田宗一郎的管理有很大的關係。

本田宗一郎最大的特點就是能充分尊重個人，並進行公平合理的授權。

本田宗一郎早在經營東海精機時，就能夠很好地與各種性格完全不同的人一道工作，並且把它作為自己的工作信念。在他看來，同類型的人固然很好相處，容易交往，但是要把一個企業辦下去，必須要有各種類型的人才行。在經營本田的過程中，他與藤澤武夫的配合就完全體現了這一點。不僅如此，他還大膽授權，儘管他和藤澤武夫的性格完全不同，但是他們之間分工卻很明確，本田宗一郎負責技術和產品，把銷售和經營完全交給了藤澤武夫負責。事實證明，他的授權是非常英明的。

本田宗一郎非常注重授權的管理。為了保證權力確實能夠交給有能力的人，他要求企業領導人的親屬一律不得進入公司工作。即使後來本田企業越做越大，這個原則依然保留，中途錄用者占職工人數的一半，不斷為公司注入新鮮的血液，以保持公司的創造力和創新能力。無論是高級幹部還是一般職工，

進入公司後均以「先生」相稱，而不是以職務相稱。這樣做不僅避免了權力集中於親信，培養、提拔了真正有能力的人，還激勵了每一個員工的工作積極性，讓他們看到，只要有能力，就能夠有更好的回報。

正是因為本田宗一郎對員工的尊重和公平合理的授權，公司員工感受到了一種輕鬆愉悅，效率也就提升了。本田的高級幹部一般到 50 歲就會退居二線，給有能力的年輕人讓出位子來，最大限度地尊重年輕職員，並授予他們適當的權力。這樣的授權舉措，讓許多年輕人熱血沸騰，更加努力地工作。正是授權所帶來的熱情，促使本田始終保持著超強的競爭力與活力。

◆ 總裁智慧錦囊二、管理越少越好的傑克・威爾許

奇異公司總裁傑克・威爾許統率著一個全世界最令人尊敬和效仿的企業。過去幾十年來，只要奇異公司推行某種新的管理風格，美國的其他企業就會擦亮雙眼，趨之若鶩。

1950 年代，奇異公司推行分權制，於是，美國各企業都紛紛效仿，分權制風行一時；1960 年代及 70 年代，奇異公司構建起龐大的企業航母，於是，企業規模便成為全球業界公認的優勢。

但是，在威爾許看來，奇異公司的管理層，還是管得太多了。於是，他拋開了所有的教科書，構建起一整套關於管理的全新原則。他明確地表明態度，希望他的管理層管得更少。他

希望公司的管理層更少去監控或是監督員工，要給予員工更大的自由度。他希望公司的更多決策來自於更低的管理層級。

當然，威爾許不希望他的管理層事事干涉員工，但並不是建議管理層把任務扔給員工，每天中午就鎖上門奔赴高爾夫球場。相反，威爾許希望管理層把精力放在為員工構建願景，以及全力確保願景切實可行之上，當然與此同時，他們還應確保願景得到員工的切實執行。

他的這一管理決策遭到了很多人的質疑，但威爾許的反應非常簡單：放輕鬆！

他提出，不要妨礙員工的工作，讓員工鬆口氣，不要監視員工的工作，也不要讓員工陷入官僚的體制，放手讓員工去表現，尊重員工，激發他們的自信，清除所有束縛他們手腳的桎梏。

儘管很多人不解與質疑，但威爾許的此項管理原則產生了一項優良的副產品，那就是將管理逐漸收斂到重大的問題之上。對於威爾許來說，奇異公司「管得越少」就意味著奇異公司的領導者們擁有了更多的時間來思考更核心的事項，把其他很多事情交給了下屬，交給了員工，這樣就讓管理層人員變得更富有創造性。他們「終於」有了時間「左右旁顧」，有了精力去思考如何「越權」去幫助奇異公司的其他業務。

時間長了，威爾許感覺到公司的管理層變得越來越樂於助

人，也變得更加輕鬆。試想，如果這些管理高層花費大量的時間去與下屬糾纏各類報告、紀錄，去逐項檢查下屬的工作，或是去操心一些瑣碎的事項，他們又哪有精力顧及公司的大機遇、大前途呢？

「管得越少越好！」正是由於更少的管理，才使得奇異公司的管理人員得以釋放時間和空間，幫助公司提升到更高的境界！

第七章　員工培訓
── 培訓出優秀的員工

任何一個成功的企業，都十分重視員工的培訓。培訓不僅可以提高員工的職業素養和職業能力，而且可以增強員工對企業的歸屬感，促進企業與員工、管理層與員工層的雙向溝通，增強企業的向心力和凝聚力，塑造優秀的企業文化。

第一節　重視員工培訓，才能實現企業可持續發展

員工培訓是企業風險最小、收益最大的策略性投資。

—— 著名企業管理學教授沃倫・本尼斯

一個有遠見的企業管理者，不僅僅會使用企業現有的人才，還會適時地培養人才，把每一個員工都培養成企業的中堅力量，以此來保證企業的可持續性發展。賢才不僅要靠挑選，還需精心培養。選拔人才，充分利用現有的人才資源是非常重要的，但僅僅著眼於人才的發掘和選拔還不夠，必須花大力氣進行員工培訓，加大智力投資的力度，有計畫、不間斷地為企業培養人才。

人是企業發展的根本，辦好企業必須依靠員工，只有提升員工的業務能力，調動員工的積極性，才能保證企業的可持續發展。當今世界，新技術日新月異，這就對人的素養要求越來越高，對人才的培養也變得越來越緊迫。

總體而言，企業重視員工培訓有這樣四個好處：

第一，重視員工培訓可以增強企業的競爭力。大量事實證明，人力資源的開發和培訓，已經成為企業增強自身競爭力的重要途徑。許多大企業等都建立了自己的培訓中心。同時，透過培訓還可以增加員工對企業決策的理解和執行能力，使員工更好地掌握企業的管理理念和先進的管理方法、技術，不斷提高企業的市場競爭力。以摩托羅拉為例，公司向全體雇員提供每年至少 40 小時的培訓。摩托羅拉公司每 1 美元培訓費可以在 3 年以內實現 40 美元的生產效益，這充分說明了培訓投資對企業的重要性。

第二，加強員工培訓可以提高員工的專業技能與綜合能力素養，極大地開發員工的潛能，最大限度地調動員工工作的積極性，不斷提高員工的工作效率和工作品質，同時還可以建立人才儲備，形成人力資源優勢，確保企業的可持續發展。

第三，重視員工培訓是對員工的重要激勵。培訓其實是一項重要的人力資源投資，同時也是一種有效的激勵方式。根據研究調查，許多員工把進修培訓看作是一個非常重要的福利。如果企業給員工提供良好的進修培訓機會，即使企業給薪相對低，許多人還是願意選擇這樣的企業。

第四，培訓能增強員工對企業的歸屬感和主角責任感。企業對員工培訓得越充分，對員工越有吸引力，越能發揮人力資源的高增值性。培訓不僅提高了員工的技能，而且提高了員工

對自身價值的理解，對工作目標有了更好的理解。同時，企業給員工提供了培訓，所謂投桃報李，員工會對企業產生一種歸屬感和主角責任感，最大化地發揮自己的潛力。

因此，員工的培訓對企業發展至關重要，正如沃倫‧本尼斯所言：「員工培訓是企業風險最小、收益最大的策略性投資。」企業重視員工培訓，對企業、對員工將會是一個雙贏的選擇。

<h2>第二節　工作能力是可以訓練出來的</h2>

員工是企業發展的基礎和命脈，同時也是企業每天都在消耗的成本。

因此，企業要懂得提升員工的專業能力和職業素養，這對企業的發展尤為重要。身為一個企業的管理者要明白，你擁有怎樣的員工，就會擁有怎樣的結果。企業在各個崗位上都擁有敬業務實、專業能幹的員工，是企業可持續發展的重要保障。

並非每一個員工天生都擁有卓越的工作能力，很多優秀的員工是培訓出來的。特別是新員工，企業必須要提供他們技能培訓，並教會他們如何使用有關工具，從而完成本職工作。

西門子公司就非常注重員工的工作能力培訓。公司擁有明確的人才培訓計畫，從新員工培訓、大學菁英培訓到員工再培訓，基本上涵蓋了業務技能、交流能力和管理能力的培育，

使得公司新員工在正式工作前就具有較高的業務能力，保證了大量的生產、技術和管理人才儲備，而且使得員工的知識、技能、管理能力得到不斷更新。培訓使西門子公司長年保持著員工的高素養，這是其強大競爭力的來源之一。

　　雖然員工培訓要占用企業的時間並產生費用，但是透過培訓，員工的工作能力得以提高，企業的軟實力和競爭力同時獲得很大的提升。那些曾在開發員工方面有所投資的公司發現自己得到了回報：員工流動率降低，服務品質提高，工作效率提高，從而導致客戶的滿意度和忠誠度增加。

　　因此，為了企業的長遠發展，對員工工作能力的培訓是必不可少的。

　　一旦企業聘用到一個好員工，就必須供他培訓支持，這樣他不僅會把工作做得越來越好，還會對工作感覺越來越好。這種良性的循環增強了員工的忠誠度，就會最大化地發揮工作能力。所謂企業投之以李，員工就會報之以桃，不僅員工工作能力提高，對公司的依賴也會加深，員工的流失率就會減少，企業的人力資源就會越來越雄厚。

　　員工工作能力可分為專業性能力和人際關係能力。企業需要給員工提供一套精心設計的支持系統來增強員工的工作能力。首先是加強員工的專業性能力的培訓。專業性能力是指崗位要求必須掌握的專業性、技術性工作技巧及系統性解決日常

工作問題的能力，這種能力必須經過長年累月培訓才能使員工真正掌握並得以提升。除此之外，員工的人際關係能力也是工作能力培訓的一個非常重要的方面。只有透過和諧高效的溝通交流、互助合作，才能提升工作績效，以團隊成效最大化為最終目標。

　　人才是企業競爭的核心，一個公司的發展百分之百依靠員工的努力和支持。只有員工們勤奮扎實的工作與優秀的工作能力，才能促使一個企業更好地發展壯大。

第三節　職業化是員工培訓的基本目標

　　為公司注入新血，將可增加機會和發展性。

　　　　　　　　── 軟體銀行集團董事長兼總裁孫正義

　　重視員工培訓的企業，必然會培養更多的優秀人才，形成資源儲備，為企業的長足發展提供足夠的競爭力。而培訓中，又特別要注重員工的職業化培訓。企業對員工進行職業化培訓，主要目的就是提升員工的職業素養，提高實際工作技能，提高各方面的能力以更好地工作，從而進一步提升整個企業的團隊職業形象和團隊合作技能，形成企業發展的良好動力。

　　職業化是員工邁向成功甚至卓越的必備條件。對於新員工來說，無論是對企業文化的認知還是企業目標的領會，都有

一段學習的過程。企業只有重視新進員工到崗後的後期塑造培養，幫助員工順利進行角色轉換和提高相關能力，從態度、認知、行為等方面將其塑造成一名符合企業要求的員工，才能使新員工盡快融入企業的工作之中，擔起崗位重任。因此，企業對新員工的職業化培訓必不可少。

企業只有對員工的職業化素養進行培養和引導，才能幫助員工在良好的氛圍下逐漸形成良好的職業化素養，這樣做有助於新員工進行自我管理，同時企業也更加方便地進行新員工管理，形成企業發展的良好動力。不僅如此，新員工與其他成員還能夠在最短的時間內融合在一起，凝成一股繩，為企業發展目標盡力。

企業從哪些方面對新員工進行職業化培訓呢？

第一，培訓員工從學校到企業的職業轉變的意識。新員工中，會有不少人剛剛走出校門，這就要求他們學會如何按照工作的角色處理事情，實現個體導向向團體導向的轉變，性情導向向職業導向的轉變，思想導向向行動導向的轉變，成長導向向責任導向的轉變。

第二，引導員工規劃自己的職業生涯。企業透過引導員工認知職業生涯並做出規劃，可以使個人對自己的才能和驅動力有更好的了解，以面對未來的挑戰。

第三，培養新員工的職業好習慣。透過培訓，讓員工對工

作機制和工作環境進行充分的了解和認知，意識到工作中應該注意的問題，養成良好的習慣和品行，了解有效的工作方式，做一個受歡迎的新人。

第四，培訓有效溝通技巧。透過培訓，讓員工了解在工作中什麼才是真正的良好溝通，並學習用一些溝通方法解決問題。

第五，時間管理。職業化培訓中時間管理的培訓是不可或缺的一個環節。透過培訓，可以讓員工了解什麼是時間管理，掌握時間管理的方法，實現時間的增值。

第四節　複合型、高層次人才培訓是員工培訓的重點

辦企業有如修塔，如果只想往上砌磚，而忘記打牢基礎，總有一天塔會倒塌。

—— 浦木清十郎

人才是企業發展的根本。一個企業只有擁有足夠多的人才，尤其是複合型、高層次人才，才能提高企業的競爭力，促進企業的發展。所以，身為一個企業的管理者，要想使企業在未來的市場競爭中取得勝利，除了加大員工的培訓外，還應該把重點放在複合型、高層次人才的培訓上來。

所謂複合型人才，就是多功能人才，能夠在企業很多領域

裡大顯身手。複合型人才包括知識復合、能力復合、思維復合等多個方面。如今企業競爭一個重要的特徵就是學科交叉，知識融合，技術集成。這一特徵不僅決定每一個員工都要提高自身的能力素養，更要求企業具有基礎面廣、知識寬厚的複合型人才。這類人才掌握多種知識技能但又不是知識簡單的相加，而是彼此之間互相取長補短，並在多種能力的基礎上形成綜合能力。

所以，企業要加大對複合型人才的培養，以增強企業的實力。

不僅如此，企業還要注重高層次人才的培訓。所謂高層次人才，是指高級專業技術人才。一個好的企業所需要的人才，一定要有高技術和專業知識。許多大型的名企都有自己的高級專業技術人才，為企業不斷研發新的技術，使企業具有創新精神，走在市場的前列。

複合型人才和高層次人才是企業求之若渴的人才類型。據調查顯示，各行業各地區對複合型人才和高層次人才的需求非常強烈。85％的企業單位對複合型人才的要求較以往有所變化，更加強調理性與務實，已經從重視人才的學歷轉變為重視人才的工作經歷。

一家大型企業徵聘英語翻譯，有兩個年輕人同時去應徵。在應徵時，人事主管發現其中一個人的英語非常優秀，基本上

對答如流，沒有絲毫的頓挫，有非常扎實的英語基本能力。另一個人也很不錯，但是這個人在與人事主管接觸的時候，不僅用流利的英語回答了人事主管的問題，而且還用英語向人事主管介紹了自己對行業的了解程度。這讓這家企業的人事主管非常欣賞，自然而然，第二個人在面試後的第二天便接到了公司的錄用通知。

由此可以看出，人事主管之所以徵聘第二個人，不僅在於他對英語的熟練掌握程度，而且在於他對行業的專業了解程度，這就是複合型人才吸引企業的地方。

複合型人才並不完全表現在本職業相關的復合，更表現在其職業能力的多元化。現在科學技術發展迅猛，使多學科交叉融合、綜合化的趨勢日益增加。現在市場上任何高科技成果無一不是多學科交叉、融合的結晶，無一不是高層次人才鑽研的結果。因此，如何培養出高品質的複合型、高層次人才以滿足形勢發展的需求，已經是企業發展中十分突出的問題。

第五節　適應能力訓練，優秀的員工　　　　　　必須具備強大的適應力

將合適的人請上車，不合適的人請下車。

—— 管理學者詹姆斯·柯林斯

對於企業來說，企業員工的適應能力是非常重要的。面對瞬息萬變的市場形勢，面對複雜、棘手的工作環境，一個優秀的員工能想出解決問題的新思路、新方法，採取新舉措，打開新局面，這對企業的發展是非常關鍵的。實踐證明，富有適應力的員工在不確定工作情景下，常常表現出色；富有適應能力的員工在全局不明、資料不全的困境裡，能抓住問題的關鍵，有效採取行動，當情況變化時，能迅速調整工作計畫和工作思路，積極應對。因此，企業需要適應能力極強的優秀員工。但是員工的適應能力並不是與生俱來的，要想獲得這樣的優秀員工，企業就要加大對員工的適應能力訓練，打造出能適應任何環境變化的具有強大適應能力的優秀員工。

　　關於適應能力，哈佛商學院教授羅莎貝絲・摩斯・肯特認為，「事業有成的人善於變化，擅長於將自己和同伴調整到某個新方向，從而爭取到更大的成功」。他認為，適應力強的人總是不斷地開拓新領域，他們有很強的可塑性。同時，適應力強的人情緒穩定。對於那些情緒不穩的人來說，往往把什麼事都看作是挑戰、威脅，無論什麼風吹草動，他們總是憂心忡忡、固執己見，出現情緒焦急甚至極端的行為。而情緒穩定的人對任何變動都能處之泰然，他們總是從好的方面看待新環境、新變化。不僅如此，肯特還認為適應力強的人具有極大的創造力。他們無論遇到什麼困難，從不迴避，而是尋找解決問題的辦

法。服務意識強也是適應力強的一個顯著特點。對於團隊的某些改變，與服務意識強的人相比，以自我為中心的人心理承受力要弱得多。

康佳集團非常注重新員工的適應能力訓練。針對新員工的學歷、崗位及工作經驗的不同以及適應能力的不同，將新入職的員工分成不同的類型，不同的類型培訓內容和培訓重點也各有不同。針對其特點，安排校友座談、公司各部門負責人討論、極限挑戰、野外郊遊、情緒測試等活動，同時，還規劃有三個月生產線各崗位輪流實習、專業崗位技術實習等內容，採取導師制的方式，派資深員工輔導新員工進行個人生涯規劃設計，並對整個一年的工作實習期進行工作指導與考核，使其能盡快熟悉企業，適應環境，成為真正的企業人。

針對新員工的培訓，康佳集團從員工的適應能力出發，制定一系列的培訓方法，使員工很快地融入企業之中。適應力強的員工能主動積極地融入企業之中，盡快適應組織氣氛和組織文化，很好地發揮自己的能力。即使面對高負荷和困難的情景，依然能保持冷靜，能積極應對挫折而不怨天尤人。

企業在培訓員工的適應能力時，要注意以下四個方面的問題：

第一，要創造學習型組織。在學習型組織中有一種強烈的學習氛圍，員工為了增強自己的創造性和適應性，會持續地學

習。學習型組織在結構、過程、領域和目標等方面保持不斷、持續變化的運行狀態，這種運行模式不但對快速變化且很難預期的環境有效，還能為員工提供一個不斷鍛鍊適應力的環境，有利於員工適應力的訓練和培訓。

第二，要根據員工特點制訂個人培訓計畫。每個人個體的氣質、性格和能力都存在差異，個體的經歷和價值觀也各不相同。因此，員工的適應力培訓計畫要因人而異。個人培訓計畫最好能爭取到每一個員工的認同，同時提供各種機會或激勵手段，鼓勵員工業餘學習，自我開發，提高自身的適應力。

第三，要完善培訓制度。適應力培訓不僅僅是針對新入職員工，在崗人員的再培訓更能訓練員工的適應力，因為工作本身也是一種培養適應能力的有效方法。此外，還可以建立崗位輪換培訓制度，透過不同部門和不同崗位之間輪換工作，來迅速增強員工的適應能力。

第四，正確地處理適應工作和適應人的關係。企業對員工適應能力的培訓，一方面在於培訓員工適應工作環境，迅速掌握工作技能和企業文化、制度等，從而對新的工作得心應手；另一方面，是培訓員工適應新的人際關係的能力，透過培訓，可以使員工盡快融入組織，與人交往，更好地開展工作。只有適應工作和適應人並重，才能使員工在新的工作崗位上游刃有餘。

第六節　打造標竿員工，用「標竿」影響和帶動團隊

在經濟高速發展的今天，各行各業之間的競爭也越來越殘酷，企業能否立於不敗之地，不僅取決於領導人的決策、技術的創新、資金的雄厚，更關鍵的核心競爭力是員工的素養。員工的素養高低，與企業的生存與發展息息相關。員工是企業資本大廈的基石，代表著企業向客戶兌現品牌承諾的能力。企業員工的修養，直接關係到企業的形象，因此，員工的培訓非常重要。而在所有的員工中，標竿員工又是企業核心動力的泉源，可以從根本上帶動企業的發展。

什麼樣的員工才是標竿員工？所謂的標竿員工，就是那些具有責任感、富有團隊精神、積極主動、富有創造力，並以自己的模範行為影響和感染周圍的人。當企業需要他們時，他們沒有任何藉口，在遇到困難時，他們不會退縮，即使明知道那是風險，他們也願意去嘗試，願意為企業的發展貢獻自己的力量。標竿員工具有非常明顯的挑戰精神和創新能力，他們是企業的中堅力量，不論在任何時候，他們都能站在風口浪尖，勇敢地擔當起企業的大梁。

因此，企業需要這些優秀的標竿員工，培養標竿員工，就是在為企業儲蓄寶貴的財富。因此，企業管理者一定要注重標竿員工的打造，用「標竿」來影響和帶動團隊，提升企業的競爭力。

一頭獅子領著一群羊，準備和一隻羊領導的獅子群戰鬥。在戰鬥之前，獅子對羊群進行了訓練，訓練的方法和標準與獅子一樣，羊群在獅子的訓練之下，覺得自己就是獅子，勇氣力量十足；而羊領導著一群獅子，由於自己天生的性格懦弱，做事瞻前顧後，獅子們覺得自己都變成了一隻羊。戰鬥開始了，羊群在獅子的帶領下，如一頭頭兇猛的獅子衝向獅群，而獅子就像羊一樣用頭上的角去還擊，可它們頭上根本就沒有角，獅群中的領導羊嚇得抱頭鼠竄，也跟著倉皇逃跑。

　　這個故事說明了什麼？這就是標竿的作用。在羊群中，獅子就是它們的標竿，羊群處處以獅子的方式去要求自己，鞭策自己，從內心深處認為自己就是雄壯的獅子；而獅群卻處處以羊的標準來要求自己，失去了原來的戰鬥能力，最終變得平庸。由此可見，標竿的影響是非常巨大的，它不僅可以把平凡變得卓越，還可以提高團隊的整體戰鬥力，創造奇蹟。

　　戴爾公司重視「標竿」員工的打造。戴爾認為，想要做得更好，不能僅僅注重商業結果，而是要不斷地培育和發展知識型員工，這才是解決危機的最好辦法。

　　戴爾獨創的「70-20-10」培訓方法，集中體現了「標竿員工」培訓的理念。在這個員工發展體系中，70%的員工透過工作經驗來學習和不斷提高；20%透過輔導和指導提高自身；而另外10%的員工則進行正規的學習培訓。根據這一模型，這10%的

人培訓的重點在正式的課堂，包括技術的培訓和能力的培訓，而重點放在領導力的培訓。

戴爾有一支「特種部隊」，這支「特種部隊」由專業人員組成，在世界各地「遊蕩」，常常從一個市場轉戰到另一個市場，幫助那裡的管理人員拓展戴爾在當地的業務。

戴爾的「特種部隊」，其實就是我們所說的「標竿員工」。實施菁英培訓，讓強者更強，以此來帶動其他員工，讓優秀的員工成為一般員工的老師，讓優秀的員工成為一般員工的標竿。所謂榜樣的力量是無窮的，在企業的發展中，標竿員工的表率作用比任何制度都能更好地管理和提升員工的素養，這是戴爾員工培訓的要點。

打造標竿員工，就是在其他員工面前樹立一面鏡子，員工只有自覺地找出差距之後才會進步。它會讓企業形成一種持續的學習文化，只有持續追求更好，才會獲得持續的競爭力，提高企業的團隊戰鬥力。打造標竿員工不但對其他員工產生了一個表率作用，對公司的文化和發展也產生了非常積極的作用。

因此，企業要注重標竿員工的打造，要愛護企業內部的人力資源標竿，給予標竿員工足夠的資源，針對標竿員工個人的特點，量身定做培訓方案，為其制訂個人發展計畫，實施標竿員工培訓的精品工程。

◆ 總裁智慧錦囊一、摩托羅拉員工培訓

　　摩托羅拉非常注重員工的培訓，這可以追溯到很多年前，當時的公司總裁羅伯特‧加爾文認為，培訓將加強全球競爭能力。為了加強員工的培訓，加爾文建立了摩托羅拉培訓教育中心，大批員工在這裡學到了技能，提高了工作能力和工作效率。培訓的直接結果就是暢銷的產品開始從摩托羅拉的流水線上源源不斷地生產出來，摩托羅拉也成為美國第一家擊敗日本的電子公司。從此，培訓深深扎根於摩托羅拉。

　　公司產品的品質取決於工廠工人和操縱統計控制程式的技術人員。公司的生產程式中，執行尋錯率等需要算術和一些代數知識。1985 年，摩托羅拉公司發現有 60% 的雇員達不到美國 7 年級的數學程度。為了提高員工的工作能力和技能，羅伯特‧加爾文下令將薪資額的 1.5% 用於培訓，後來這一比例逐步上升至 4%，摩托羅拉公司成立了摩托羅拉大學，加大了對培訓人力和財力的投入。摩托羅拉大學總部在美國利諾伊州，全球有 14 個分校。每年教育經費約在 1.2 億美元以上，這不亞於一些名牌大學全年的教育經費投入。而花大力氣進行的員工培訓，不僅提高了工作效率，還使企業品牌得到提升。

第七章　員工培訓—培訓出優秀的員工

第八章　獎懲有道
——激發員工的積極性

一個企業，獎懲制度的合理規範是必不可少的。獎懲制度是透過一系列正刺激和負刺激的作用，引導和規範員工的行為朝著符合企業的需求方向發展。對希望出現的行為，公司用獎勵進行強化，也就是正刺激；對不希望出現的行為，利用處罰措施進行約束，也就是負刺激。二者相輔相成，才會有效促進企業目標的實現。

第一節　有效獎懲在於激發員工的積極性

　　不能施行平均主義，平均主義懲罰表現好的，鼓勵表現差的，得來的只是一支壞的職工隊伍。

—— 管理學者史蒂格

　　一個企業的運作中，僅有單一管理制度是不完善的，它只能對員工日常工作進行要求和約束。員工在這個框架內，為了得到薪酬而機械工作，沒有任何創造力和積極性。因此，要提升員工的工作積極性，就必須要讓他們看到利益，無論是物質上的利益還是精神上的利益，都能對企業的日常運作產生極大的推動作用。這種利益刺激，就是我們說的獎懲制度。有效的獎懲，也就是在企業運作中，對員工進行有目的的獎勵和處罰的制度。獎懲是將外部適當的利益刺激，轉化為內部心理的動力，從而增強或減弱人的意志和行為。獎勵是一種激勵性力量，懲罰是一種約束性力量，只有將「獎」和「懲」相互結合起

來，才能真正發揮激勵機制的作用。有效的獎懲，可以使員工產生強大的內驅力，促使他們為期望和目標而努力。

有人曾做過調查，要求參加調查的 70 位心理學家說出企業管理者必須懂得的人性中最關鍵的東西，一半以上的人都說了「積極性」。因此，身為一個企業管理者，一定要能透過有效的手段激勵或調動員工的積極性。

「石油大王」保羅·蓋蒂非常注重透過獎懲來提高員工的積極性。

喬治·米勒是保羅·蓋蒂以高薪聘請來勘測洛杉磯郊外的一些油田的專家。這位米勒先生是美國著名的優秀管理人才，對石油行業很熟悉，而且勤奮、誠實，管理企業也有一套方法。

米勒到油田上崗一星期後的一天，保羅·蓋蒂來視察。結果他發現，那裡幾乎沒有什麼變化，仍然存在不少浪費和管理不善的現象，比如員工和機器閒置、工作進度慢。不僅如此，他還了解到米勒整天待在辦公室裡，很少下工地，還無法解決油田費用高、利潤上不去的問題。對此，蓋蒂對米勒提出了改進的要求。

轉眼又一個月過去了，蓋蒂又來到油田檢查時，有點生氣。因為，他發現改進還是不大。他本想把米勒訓斥一番，但他冷靜下來分析，米勒是非常有才幹的，自己也付了很高的薪酬，可為什麼這種現象卻沒有改觀呢？於是，他找到米勒進行溝通。

蓋蒂用嚴厲的語氣說道：「每次我來，總會發現這裡有不少地方可以減少浪費，提高產量，增加利潤，可是你為什麼沒有看到呢？」

米勒直言不諱地說：「蓋蒂先生，因為這是您的油田。油田上的一切都跟您有切身的關係，所以您眼光銳利，看出了一切問題。」

於是，蓋蒂大膽地做出了嘗試。

蓋蒂再次找到米勒，直截了當地說：「從今天起，這片油田由你管理，我不付給你薪水，而付給你油田利潤的百分比。你知道，如果油田效率提高了，利潤就會提高，那麼，你的收入也就會跟著提高，你覺得如何？」

顯然，這個提議讓米勒很感興趣，他覺得這雖然是種壓力和挑戰，但也是展示自己才幹和謀求發展的機會，於是欣然接受了。

從那一天起，米勒對這裡的一切運作都精打細算，對員工更是嚴加管理。由於油田的盈虧與米勒的收入掛鉤，所以他遣散了多餘的人員，讓閒置的機械工具發揮最大的效用。不僅如此，他對整個油田的作業重新進行緊湊的安排和調整，減少了人力和物力的浪費。他自己也幾乎每天去工地檢查和督促工作，不再長期坐在辦公室看報表。油田的面貌一天天地改觀了。

當蓋蒂兩個月後再次去油田視察時，他發現這裡已經煥然

一新，產量和利潤都有了大幅度增長。

　　企業員工的行為動機和工作動力，與利益是密切相關的。只有動機和利益達成一致時，人才會產生動機。米勒之所以「領著高薪還做不出成績」，是因為「做出成績」與「領著高薪」之間並沒有有效獎懲的紐帶關係。高薪並不具備有效獎懲的效力，而僅僅是一種福利，高薪之所以沒有激發米勒的工作積極性，肯定是米勒還有比高薪更重要的需求沒有被滿足。戴爾·卡內基說：「世界上唯一能夠影響對方的方法，就是給他們所要的東西，而且告訴他如何才能得到它。」

　　雖然現在看來這種股權激勵的做法已經不新鮮，但是，當時蓋蒂這一嘗試的結果是極大地調動了米勒的積極性和工作潛能，而產生這一結果的原因在於蓋蒂重新定位了米勒的需求，並根據其需求改進了獎懲方式。透過以上這個案例我們可以清楚地體會到有效獎懲的一個核心內涵：獎懲必須找到與員工心理需求相匹配的某個關鍵要素，以引導對方產生正向的行為動機。

　　在當今的企業中，獎懲制度已經成為人力資源管理的重要手段，它能有效地協調個人目標和組織目標之間的關係，充分調動員工的積極性和創造力，對於增強企業活力具有很好的促進作用。但是，任何一家企業在制定獎懲制度時，都必須根據不同對象、不同階段、不同情況而定，制定合理的獎懲方式。只有獎懲機制既滿足企業又滿足個人的雙重發展需求，才是有

效的，才是真正有生命力的。

　　一定數量的人才，是企業生存與發展的保障。但僅從人才數量的多少，並不能判斷一個企業人力資源是否雄厚，關鍵在於是否發揮了這些人才的積極性、主動性和創造性。同時，要保住一定數量的人才，必須要採取一定的措施來留住人才。這就是說，企業要生存和發展，必須完善自身的獎懲制度。

　　其實說到底，獎懲制度最終帶來的是一種競爭機制。心理學實驗表顯示，競爭可以增加一個人 50％ 或更多的創造力。爭強好勝的心理和成長發展的期望潛伏在每一個人的心裡，一旦被獎懲制度充分調動起來，其潛在的心理都是「比別人站得更高」或「比別人更重要」。因此，競爭是激勵員工、調動其慾望的有效方法。沒有競爭，就沒有壓力；沒有壓力，組織也好，個人也好，都不能發揮出全部的潛能。那麼，促進這種競爭意識的產生，就是有效的獎懲機制。

　　獎懲制度要與經濟責任制緊密結合，與職工的責、權、利掛鉤，充分體現獎勤罰懶、獎優罰劣、按勞分配的原則。從心理學的角度講，獎懲制度是透過一系列正刺激和負刺激的作用，引導和規範員工的行為朝著符合企業需求的方向發展。二者相輔相成，才會有效促進企業目標的實現。

　　每一個企業都有自己的企業文化，制定有效的獎懲制度一定要建立在自己的企業文化之上。有效獎懲的前提條件是管理

者真正懂得員工內心所需，因此，企業管理者在制定獎懲制度時，一定要俯下身來，認真聆聽員工的心聲，這樣才能制定出真正可以激發員工工作積極性的獎懲制度。

第二節　沒有規矩不成方圓，制度是獎懲的依據

所謂沒有規矩不成方圓，企業的獎懲也是如此。古語有言：重賞之下，必有勇夫。這是獎勵的效果；知恥而後勇，這是懲罰的作用。因此，企業管理中，合理的獎懲制度，不僅能提高員工的工作積極性，還是驅使個人成長和創造的動機。透過獎勵，員工可以最大化地發揮自身的價值；透過懲罰，可以激發員工自身的反省能力，對於之前的觀念和行為進行改正，以獲得經驗教訓，提升自身能力素養。

但是，獎勵政策並不是個人說了算，也不是臨時制定，而應該有一定的制度。只有在一定制度之下，員工才能做到趨利避害，做到有制度可講，有制度可依。

有很多管理者為了業績，放任了那些破壞規則、違背制度的員工，從而導致員工工作沒有積極性，一個一個比著來。這或許就是在制定獎懲策略時，過分強調如何透過獎勵來提升業績，而忽視了透過懲罰來規範、約束員工的不良行為。

小王到公司做銷售員不久，由於公司相對較小，加上管理

很好，所以業績一直不錯，發展趨勢也很好。最近老闆計劃分區域實行承包制，於是小王被分配到離城區稍遠的一個區域，當銷售額分配下來時，他也沒有什麼異議。一個月很快過去了，由於小王不熟悉市場，並沒有完成銷售任務。而與之相反的另一位與他同進公司的小張，卻超額完成了任務。於是，公司對小張進行了獎勵，並任他為三個區域的組長。而小王由於沒有完成任務，不但薪資被扣了 500 元，還受到了批評。小王對此很不服氣，於是就找銷售經理反應，他的理由主要是因為區域劃分有問題，他負責的區域離城區較遠，公司沒有針對區域進行比例分配，也沒有明確地告訴他獎懲要求，所以對結果自然就不服氣。

公司獎勵多勞多得，懲罰無法完成業績的小王，按理也無可厚非。但小王所反應的問題也有一定的道理。公司在任務下派之前，並沒有根據區域不同而銷售任務不同，也沒有明確地制定獎懲制度，所以小王在受到懲罰後心理自然會不舒服。

獎懲制度是企業規範員工行為和激勵員工工作熱情的重要手段。所以，獎懲一定要有制度，一定要讓員工明確這個制度。在獎勵的帶領和懲罰的指引下，不斷提高自己的業績。

獎懲制度究竟包含哪些內容呢？具體來說，有以下四個方面：

第一，獎懲條件要明確。什麼樣的人，什麼樣的情況該獎勵和懲罰，企業管理者一定要明白，而且還要讓員工明白。那

些忠於職守、廉潔奉公、有發明創造、做出突出貢獻的員工，企業就應該給予獎勵；那些違反勞動紀律、違反操作規程、怠忽職守、有瀆職行為，造成經濟損失的員工，就應該懲罰。不僅如此，獎勵和懲罰的方式和程度必須事先進行約定，以讓員工明白，什麼事是該做的，什麼事是不該做的，什麼行為是可以容忍的，什麼行為是不能容忍的，為被管理者提供一個行為的依據。這是獎懲最基本的東西，員工只有充分明了，才會儘量趨利避害，爭取得到獎勵，儘量不碰觸懲戒的內容。

第二，獎懲種類要明確。獎勵不僅是金錢方面的體現，還可以是記功、通令嘉獎、晉級、授權、授予榮譽稱號等。方式多樣的獎勵，對提升員工的積極性有很大的好處。而懲罰既可以是行政處罰，比如警告、記過、降級、降職、撤職、留用察看、開除等；也可以是經濟處罰，比如一次性罰款，或者扣發一定數額的薪資等。員工充分明確，在潛意識裡接受，實施效果會更好。因此，對於獎懲的方式、方法必須有事先的約定，無論是獎勵還是懲罰都必須對應不同的行為和行為程度，有明確的獎懲的方式，方法限定。

第三，獎懲依據要公開透明。企業在制定獎懲制度時，獎懲依據必須全面公開，讓管理者和員工都能準確、全面地掌握具體內涵和要求。同時，獎懲依據的制定必須公開透明，不能把獎懲的設定針對具體專門的對象，而應該真正使獎懲成為誘

導員工行為選擇的有效激勵措施。

第四，保持獎懲的相對穩定性。任何制度都不能朝令夕改，否則就會成為一紙空文。獎懲的依據必須保證相對的穩定性。即使要修改也必須有讓人認同的理由，以避免把這種獎懲依據變成沒有約束力的文字遊戲。

總之，企業必須依據自身情況制定合適的獎懲制度，才會使制度順利實施。不僅如此，由於獎懲制度體現了企業價值取向，因此，企業必須確立鼓勵什麼，反對什麼，提倡什麼，抑制什麼。所以，在制定制度的同時要考慮到獎與罰必須共存，做到獎優罰劣。無論是獎勵還是懲罰都要及時，否則會削弱獎懲的效果，降低員工的期望值。在獎懲的過程中，企業管理者一定要注意守信，遵照獎懲制度辦事，該獎則獎，該罰則罰，對事不對人，否則就會在員工中失去威信。

在實施獎懲的過程中，不僅要重視利益上的獎懲，更要重視精神上的獎懲，做到獎懲適度，以此提高員工的工作積極性。

第三節　賞罰分明是獎懲有道的基本原則

賞善而不罰惡則亂，罰惡而不賞善亦亂。

—— 元結（唐）

企業管理員工時，往往陷入這樣的問題中：是以獎勵為主，

還是以懲罰為主？有的企業管理者在管理的過程中只善於獎勵，不善於懲罰；有的管理者則只善於懲罰，不善於獎勵。經營管理大師松下幸之助認為，企業管理者在管理上寬嚴得體是十分重要的。尤其是在原則和法規面前，更應該分毫不讓，嚴厲無比。對於那些為公司做出業績的人，就應該好好獎勵，而對於那些違反了規定的人，絕不能縱容姑息。因此，企業不僅要制定獎勵制度，還要有一定的懲罰制度來進行約束，將員工行為引導到特定的方向。

很多企業管理者都存在這樣一個迷思：獎勵是為了刺激員工的積極性，而懲罰是為了規避員工犯錯誤。有了這樣的想法，就會出現重獎勵而輕懲罰，甚至有時候賞罰不分的情況。在管理過程中，企業管理者經常會遇到一些本該懲罰卻因為某些原因而忽略的事情。其實，懲罰的目的絕不僅僅是為了避免員工犯錯，更是為了從反面促進員工的積極性。所以，賞罰分明，獎懲有道，才能「獎出業績，罰出規則」。

但是，由於「人性化」管理的影響，很多管理者重獎勵而輕懲罰，這種做法，無疑沒有造成獎懲的作用。

快到年終了，某保險公司距離完成年度任務指標還有不小的差距。

為了完成任務，總經理下令，不但給一線業務員施加一定的壓力，還要求全體員工在做好本職工作的同時，都要承擔

一定的業務指標，並且規定了每個人的任務下限。為了保證落實，總經理還制定了獎懲制度，對超額完成任務的人員給予豐厚的獎勵，對不能完成下線的工作人員要進行懲罰。

在規定與獎懲制度之下，該公司如期完成了任務。從業績情況來看，部分有能力、有關係的員工超額完成了任務，很大一部分員工在壓力下剛好完成任務下限，還有一部分員工由於種種原因沒能完成任務，而少數幾個員工甚至根本就沒有採取任何行動。

總經理按事先制定的標準一一兌現了獎勵，對那些沒有完成任務的員工，總經理本著與人為善的角度，事先制定的懲罰措施就沒有實施。

超額完成任務的員工和逃過懲罰的員工都很高興。但是，那些剛剛完成任務的員工可就不高興了。因為他們本不是業務員，在公司高壓政策之下，付出了很多努力，克服了許多困難，好不容易才完成了任務。但是他們的回報卻和那些沒有完成任務的人一樣，於是，他們私下商量說，下次遇到這種事情，也向那些沒有完成任務的員工學習。

在這個案例中，由於總經理所謂「人性化」的管理失誤，使懲罰措施在公司裡的約束性力量無形中消失了，而且，這種影響將會很長一段時間對公司產生負面作用。總經理的做法，其實相當於獎勵了那些沒有完成工作任務的人。該獎勵時不獎勵，那就是懲罰，而該懲罰時又不懲罰，那就是獎勵了。上面

這個案例中的總經理正是在無形中「獎勵」了偷懶耍滑的員工，從而造成努力工作的員工的不滿。獎懲，必須進行事後裁決，嚴格遵照事前所定的制度內容，對遵守規則和破壞規則的人進行賞罰，做到「賞罰分明」，才能真正發揮獎懲的積極作用。

美國國際農機商用公司的老闆西洛斯·梅考克，對員工的管理非常嚴格，對那些違反了公司制度的人，他一定毫不猶豫地按章處罰。但同時，該獎勵的他也毫不猶豫，還能體貼員工的疾苦，設身處地地為員工著想。

有位跟了梅考克十多年的老員工違反了工作制度，醉酒鬧事、遲到早退，還因此跟工頭大吵了一架。他的行為，已經嚴重違背了公司規定的規章制度，無論哪一點，按規定都會被立即開除。因此，當梅考克拿到匯報資料時，遲疑了一下，仍然提筆批寫了「立即開除」的懲罰意見。

這位員工在接到公司開除的處罰決定之後，火冒三丈，找到梅考克氣憤地說：「當年公司債臺高築，我與你患難與共，幾個月都不拿薪水，而你卻因為這點小事開除我，你真一點都不講情份。」

梅考克本想下班後去他家一趟，如今老員工這樣說，他平靜地說：

「正因為你是老員工，你應該最了解公司的制度，帶頭遵守。」

接著，梅考克與他進行了交談，得知這位老員工妻子最近去世，留下兩個孩子，一個孩子因跌斷了腿住進了醫院，還有一個孩子因吃不到媽媽的奶水而餓得直哭。老員工極度痛苦，借酒消愁，結果誤了上班時間，還與工頭發生了爭吵。

聽完事情經過，梅考克非常震驚，他真誠地向老員工道歉：「是我們不了解情況，對你關心不夠。你先回去照顧孩子，工作的事你放心吧！」

說完，他從包裡掏出一疊錢塞到老員工手裡。

老員工非常感動，說：「你是想撤銷開除我的命令嗎？」

「你希望我這樣做嗎？」梅考克親切地問。

「不！我不希望你為我破壞公司的規矩。」

「對，這才是我的好朋友，你放心地回去吧，我會適當安排的。」

梅考克開除了老員工，但同時，他將這位員工安排到自己的另一家牧場當了管家。梅考克的做法，不僅幫助了那位老員工找到了新的工作，還贏得了員工的心。

孫子兵法開篇講道：「主孰有道？將孰有能？天地孰得？法令孰行？兵眾孰強？士卒孰練？賞罰孰明？吾以此知勝負矣。」其中著重提到賞罰分明是保障軍隊打勝仗的重要因素。企業管理也是同樣的道理，如果賞罰不明，員工定然不會服氣，所以功過不能相抵，一定要給予適當的獎勵和懲罰，賞罰分明，就

會使企業組織的規則和制度更加容易建立起來。

　　企業管理者要做到賞罰分明，必須要注意以下三個方面：

　　第一，有功必有賞。員工為企業的發展立下了功勞，就應該得到獎賞，否則就會打擊員工的積極性，不願意付出，還有可能造成上下離心離德，難以領導。有功必賞，可以激勵員工的工作積極性，更大化地發揮自己的潛能。

　　第二，功過不能相抵，有過必有罰。諸葛亮揮淚斬馬謖的故事告訴我們，企業管理一定要講究紀律的重要性，不能因個人感情或者為企業的發展立過功就不罰。如果這樣做，不僅會引起員工的反感，還會使管理工作陷入困局。

　　第三，賞罰皆有，相互可進。員工取得成績，要及時給予獎勵，如果犯了錯誤，要及時懲罰指正。賞罰相輔相成，才能使獎懲制度落到實處，發揮其應有的效應。

　　當然，獎勵和懲罰過多，也會產生副作用，如獎勵太多，會使員工變得唯利是圖；懲罰過多，又會極大地打擊員工的進取心。所以，在賞罰分明的同時，要記得拿捏好賞罰的程度，既要有獎有懲，賞罰分明，又要獎懲適度，才能達到激勵員工的目的。

第四節　用獎勵激發員工的自我發展心理

不只獎勵成功，而且獎勵失敗。

—— 奇異公司總裁傑克·威爾許

　　在企業管理中，激勵可以充分調動員工的潛力，對努力實現組織目標具有十分重要的作用。美國哈佛大學教授威廉·詹姆斯透過對員工的激勵研究發現，實行計件薪資的員工，其能力只發揮 20%～ 30%；如果員工受到充分的激勵，能力則可以發揮至 80%～ 90%。這項調查統計充分說明，透過獎勵，可以使員工充分地發揮其技能和才華，保證工作的有效性和高效率。

　　因此，企業管理者要懂得，在日常企業的運作中，必須學會建立有效的獎勵制度，以提升員工對於企業價值的認同，從而樹立員工對企業的忠誠，並且實現自己的人生價值。行之有效的獎勵制度不僅可以提升企業的管理效率，還可以打造高效率的經營團隊。有效的獎勵制度具體措施多為鼓勵、表揚、加薪、升職。對於一個有進取心和責任感的員工來說，不斷地獲得獎勵，自我價值得到了提升，就會為企業盡心盡力、盡職盡責。

　　大家都看過海豚表演。當海豚表演一個動作後，飼養員會給它魚吃。海豚吃了魚之後，就會繼續表演。如果沒有魚的激勵，它就不會表演了。

這對於企業管理，是同樣的道理。每個員工都有得到別人認可和賞識的慾望，如果這種慾望得到了滿足，員工的才能和工作熱情就會得到最大限度的發揮。管理者要想達到這一目標，就要對員工的工作及時給予正面表揚和鼓勵。

　　表彰賢能，鼓勵部屬，調動員工工作的積極性，是管理者實施有效管理的重要手段之一。獎勵還要注意及時，現代心理學研究顯示，及時激勵的有效度為80%，滯後激勵的有效度僅為7%。而且，應該表揚的行為如果得不到及時的鼓勵，會使員工產生氣餒，喪失積極性。因此，優秀的企業管理者在實施激勵措施時，應把及時激勵放在第一位。

　　美國有一家專門生產精密儀器設備等高技術產品的公司，名叫福克斯波羅公司。該公司在創業初期，在技術改造上碰到了需要及時解決的難題。

　　一天晚上，公司總裁正在為此冥思苦想，辦公室裡突然闖進來一位科學家，他拿著產品的設計方案，闡述他的解決辦法。總裁聽罷，覺得其構思確實不同凡響，便想立即給予嘉獎。他在抽屜中翻找了好一陣，最後拿著一件東西躬身遞給科學家說：「這個給你！」這個並不珍貴的物品，僅僅是一隻香蕉。但是，這已經是他當時能找到的唯一的獎品了，而科學家也為此感動，因為這個小小的獎勵，表示他的成果已經得到老闆的肯定。

從此以後，該公司授予攻克重大技術難題的技術人員一隻金制香蕉形別針，也成了公司員工取得成績的象徵。

香蕉作為獎勵，雖然很輕，但是，它卻代表了管理層對員工工作的充分肯定，因此，它也發揮著激勵的作用。身為企業管理者要明白，員工有好的表現，應盡快嘉獎才能達到獎勵的目的。

管理學家尼爾森特別強調，獎勵員工要符合「及時」原則：比如盡可能每天工作結束前對員工一天的工作進行評價，獎勵表現好的員工；或者透過走動式管理看看員工，鼓勵員工；抽空與員工一起吃個午餐，喝杯咖啡；公開表揚，私下批評等等，都是行之有效的獎勵方式。總之，恰當的獎勵，可以使員工從中受到莫大的安慰和鼓舞，從而大幅提高工作成效。

我們都知道，獎勵可以是金錢或物質利益的，除此之外，還可以採取哪些獎勵措施呢？

第一，溝通獎勵。從某種意義上說，管理就是各個部門、各個層次之間的溝通。企業管理者必須不斷地了解員工對企業的意見，讓他們知道企業正在進行的活動，同時採納好的意見和建議，讓他們參與到企業決策中來。透過溝通獎勵，可以提高員工的主角意識，把工作當成自己的事業。

第二，培訓獎勵。培訓獎勵主要是針對那些有積極進取心的員工。對於他們突出的表現，企業可以設立培訓的獎勵政

策。透過培訓，提升員工的能力和技術，更好來為企業效力。

第三，感情獎勵。身為企業管理者，要關心你的員工，了解他們的生活狀況和個人情況，並針對情況有所作為，為員工排憂解難，做實事。同時，作為管理者，不要吝嗇你的讚美，對表現優秀的員工，輕輕地送上一句真誠的讚美，你會發現，一句話的力量超乎你想像。

第四，授權獎勵。對於業績突出、能力突出的員工，可以採用授權獎勵的辦法。透過授權，可以讓員工感受到來自上司的肯定和信任，自我價值得到體現，就可以在自己的工作崗位上更好地發揮自己的才能，成為優秀的管理人才。

當然，各個企業應當根據自己的企業文化和不同的激勵對象的需求，採取不同的獎勵方法，才能達到獎勵的最佳效果。僅用一種獎勵方法是難以達到獎勵的目的的，每一個獎勵方法就像是一個網眼，只有將不同的獎勵方法結合，才能為企業織出一張激勵的網，讓員工在網裡熱情快樂地工作。

第五節　總裁人格魅力：勇於拿自己「開刀」

人不要把失敗當作一種懲罰，而要把它當作一次學習的機會。

—— 沉浮語錄

管理者要想管好自己的下屬必須以身作則，該懲罰自己的時候就要懲罰，絕不能留情面。要想使外在的獎懲真正內化為員工自覺的行為，必須倚仗管理者自身的行為。當管理者懲罰自己不留情面時，才可能讓下屬心悅誠服地接受規則。因此，一個優秀的企業管理者，一定是一個勇於承擔責任的人，敢拿自己開刀，能夠用自己的人格魅力去影響員工，帶動員工。

　　為了把西北軍練成一支有教養的軍隊，馮玉祥制定了許多軍令，其中有一條就是「戒菸」。為了達到戒菸的目的，有一次他當眾宣布全軍戒菸，如有違紀者，就罰他吃菸頭。

　　後來，有人報告說有一位士兵在吸菸，於是馮玉祥對他進行了懲罰。

　　但在懲罰過程中，這名士兵頂撞說馮玉祥也吸菸了。原來馮玉祥與一位部隊長官會面時吸了幾口煙。聽了士兵的話，馮玉祥猛地摔下軍帽，大聲說：「我馮玉祥上梁不正下梁歪，我是吸菸了，我該受到懲罰！」說著他從士兵手裡搶過菸頭，塞進自己嘴裡。

　　從此以後，馮玉祥所統率的西北軍，成功戒菸。

　　在這個故事中，馮玉祥雖然明確宣布了戒菸的命令，而且規定了相應的懲罰措施，可是並不能真正杜絕士兵吸菸的陋習。仔細思考，問題就出在馮玉祥自己帶頭違反規定上。士兵之所以敢大膽公然違抗軍紀，正是因為他看到了馮玉祥在抽

菸，正所謂「上行必然下效」。

若要讓人服從命令，身為統率，首先要首當其衝。所謂「其身正，不令則行；其身不正，雖令不從」。馮玉祥的自我懲罰，讓士兵們看到了最高統率的決心，也讓他們深受感動，於是成功戒菸。企業管理是同樣的道理，當企業管理者不小心犯了錯誤時，最好的辦法就是坦然承認錯誤，並能根據規定自我懲罰，然後盡可能地進行彌補。這樣，會讓員工感受到來自總裁的人格魅力，並以此為榜樣，杜絕一些不良的行為。如果企業管理者遮蓋掩飾，說一套做一套，失去的不僅僅是威信，而是員工對決策的執行力。

聯想公司規定，開會如果遲到就必須罰站，遲到多長時間，就要罰站多長時間。有一次，公司本來約定八點鐘開會，可是市政府官員突然找柳傳志談話，等他趕回來參加會議時，已經遲到了。按一般情理來說，柳傳志也是為了處理聯想公司很重要的事才來晚了，也是為了聯想的發展，可以不罰站。但是柳傳志仍然堅持罰站，一直站到時間到了，他才坐下。

我們可以相信，柳傳志自我罰站一定震撼了企業所有員工的心，以後再開會時，一定很少有人會遲到。這就是企業領導人個人魅力的影響，勇於拿自己開刀，在公司的制度面前，誰都無權破壞，管理必須無情。

企業制度約束的是所有的人，管理者也不例外。如果管理

者不能以身作則，員工又怎麼能遵守規定呢？「規則面前人人平等」，無論是企業管理者還是其他管理人員，都必須無條件保護規則的權威性，無論是誰違反了規則，都必須和員工一樣，受到應有的懲罰。

規則在規範企業管理及員工行為中的作用不言而喻，但是，很多企業制定的規則並沒有造成相應的約束作用。調查發現，90％以上規則的首先破壞者是企業的高級管理者而不是一般員工。員工的眼睛是雪亮的，他們只會對那些對所有員工都一視同仁、公平公正的上司信賴，從而忠心追隨。在嚴肅紀律這件事上，管理者更要對所有員工包括自己保持公正、公平。「上行下效」、「上梁不正下梁歪」說的都是領導者的率先示範作用，如果企業管理者不能帶頭遵守規則，又怎麼能讓員工遵守企業規定呢？

某企業規定：「為了節約公司電話費用，所有員工在打電話時都要長話短說，如果電話交流需要超過五分鐘，則要改用傳真。」針對此規定，企業還有專門的懲罰措施，所以規定剛一出來時，員工們都能嚴格遵守。

但是，一個月後，員工們從電話單上發現，公司總經理的直線電話有二十多次都超過了五分鐘。這樣一來，其他員工打電話的時間也逐漸長了起來，開始時員工們還有各種理由，但到後來，什麼理由也沒有，根本就不需要理由了。這樣，公司

的這一規定形同擺設，電話費又漲回到以前的幅度。

制定規則的人首先破壞規則，這是規則執行不好的最重要的原因。企業管理者在設定規定時，員工們所有的眼睛都在盯著他。在一個以身作則的企業管理者面前，員工們是不敢隨意打破規定的。但是，員工對管理者破壞規則的行為是高度關注的，往往會進行效仿，或者放棄自我行為的內在管控。企業領導者如果能帶頭遵守規則，一方面可以正確地引導員工遵守規則、制度，另一方面也給那些破壞規則的人施加了很大的無形壓力。否則，就會形成「只許州官放火，不許百姓點燈」的現象，員工心裡充滿情緒，又怎能嚴格執行規定呢？

所以，要讓員工都能遵守公司的規定，必須首先從企業的高層管理者入手。獎懲的運用必須做到公平公正，才能獲得下屬的信賴和支持。那麼，勇於拿自己開刀的人格魅力到底是如何影響和帶動員工的呢？

第一，管理者要以身作則，做好表率作用。著名印度管理學家帕瑞克說：

「除非你能管理『自我』，否則你不能管理任何人或任何東西。」在企業管理中，領導者是規則的制定者，因此，總是員工目光聚集的焦點。所有的員工對自己的老闆、上司都有一種潛在的尊敬與崇拜，他的一言一行，都會影響員工。榜樣的力量是無窮的，只有企業管理者充分做好員工的榜樣，員工才會在

你的影響下，執行公司的決策和規定。

第二，「拿自己開刀」，做到公平公正。任何一個管理者都難免出現這樣或那樣的失誤，這是人之常情。失誤有時並沒有什麼，關鍵在於是否能夠與員工一樣懲罰自己，勇於拿自己開刀。只有把自己和員工放在一條水平線上，自我懲罰，承擔責任，才會嚴肅紀律、強化規則，讓員工從內心深處對你充滿敬意。

「沒有規矩，不成方圓。」一個企業的管理運行中，肯定少不了很多的管理制度和規定來約束員工的行為。但是，身為企業的管理者，一定要自己帶頭遵守，造成積極的示範和榜樣的作用，充分彰顯自己的人格魅力，才能讓員工也能按部就班，使企業進入管理和諧的良性循環之中。

第六節　對不守規則的「特殊」員工要勇於懲罰

秩序和紀律是一個企業的生命，也是管理下屬的法寶，對於不守紀律的人一定要從重處理，不管他是什麼人，也不管他為企業做過多大的貢獻，即便會因此減少戰鬥力也在所不惜。

—— 伊藤洋華堂集團名譽會長伊藤雅俊

企業管理中，僅有獎勵是不夠的，要有獎有懲，獎懲嚴明，以獎勵為主，懲罰為輔。懲罰的目的在於懲前毖後，治病

救人。但是，懲罰講求的是公正與公平，無論是企業總裁還是員工，都要做到一視同仁。每一個企業都有一些勞苦功高或者才華出眾的人，他們往往會恃才自傲，覺得自己有才華、有能力，對企業的發展貢獻很大，所以經常會出現違反公司規定的事情，我行我素，不服從管理，甚至公然與企業管理者對抗。對於這樣的員工，企業管理者也一定要做到公平對待，該懲罰時絕不手軟，只有這樣做才能嚴肅紀律。如果管理者因為某些原因對這些「特殊」員工從輕處理或不懲罰，其他員工就會感覺受到了不公平的對待，不但會打擊員工的工作積極性，管理者及企業制定的規則在員工心中就會失去威信。不僅如此，不公平處理還會導致員工內部的關係和諧受到破壞，因為企業管理者不恰當的處理方式已人為地將員工分成了不同的等級，這為企業發展帶來的後果是非常嚴重的。

　　岸信一雄是日本伊藤洋華堂的總經理，他是一個經營奇才，可以算是公司裡的「特殊」人才。岸信一雄原本在東食公司工作，後來跳槽到伊藤洋華堂。對食品業的經營，他有非常豐富的經驗和極強的能力。在伊藤洋華堂的十年間，他將公司的業績提高了十幾倍，使得伊藤洋華堂的食品部門呈現出一片蓬勃的繁榮景象。可以說，岸信一雄為伊藤洋華堂做出了很大的貢獻。

　　可是，董事長伊藤雅俊卻和岸信一雄在工作態度及經營銷售觀念上有嚴重分歧。而且隨著時間的流逝，這種分歧所帶來

的裂痕也愈來愈深。為此，伊藤雅俊多次找到岸信一雄，要求他改善工作方法。可是岸信一雄自恃有才，居功自傲，根本不予理會，仍然堅持自己的做法。

伊藤雅俊是一個重視紀律、秩序的人，對於岸信一雄不守公司制度，並且屢教不改的這種做法，他無法忍受。雖然食品部門的業績確實很可貴，但伊藤雅俊卻無法容忍這種不守規則現象的持續，他認為這樣會毀掉過去辛苦建立的企業體制和經營基礎，也無法面對公司的其他員工。於是，伊藤雅俊為了嚴肅紀律，維護公司制度，決心將他解僱。

從感情上說，伊藤雅俊不考慮岸信一雄戰功赫赫而過河拆橋，把岸信一雄榨光了就將他趕走，這似乎有些不合情理。但是企業管理僅僅講感情是不夠的，一定要有規則的約束。正如伊藤雅俊所言，秩序和紀律是一個企業的生命，也是管理下屬的法寶，對於不守紀律的人一定要從重處理，不管他是什麼人，也不管他為企業做過多大的貢獻，即便會因此減少戰鬥力也在所不惜。失去人才，會從某些方面削弱戰鬥力，但是，如果是一個沒有約束、沒有紀律的團隊，又有多少戰鬥力可言呢？

規則具有平等性，它是團隊戰鬥力的基礎保障，團隊中的每一個人都應該無條件地遵守，對於任何違反規則的人，都應該進行嚴肅的處理，不論他曾經為公司做過多麼巨大的貢獻，

這是規則的平等性所要求的。只有做到一視同仁，規則才能樹立起自己的威信。如果對特殊員工不進行處理，後果只能是威信盡失，管理不力。

有的時候，違反規則的不是少數人，而是大多數人的話，企業管理者應該怎麼辦呢？是不懲罰這些特殊的群體，法不責眾？還是絕不姑息，嚴格懲罰？杜拉克曾經說過，「管理不在於知而在於行」。對於這些特殊事件，不能妥協，否則時間長了，管理者就會變得束手束腳、喪失原則，但也不能全部責罰，對犯錯較嚴重或帶頭犯錯的人進行嚴懲，以儆傚尤，或許是一個不錯的選擇。

市場競爭越來越激烈的今天，許多企業為了留住人才越來越重視人性化管理，所以經常是獎勵多於懲罰。有的企業甚至對破壞規則的員工也經常「人性化」地網開一面，怕對公司造成不良影響而不敢處罰。其實，這是最不人性的行為，真正人性化管理必須建立在對「人」負責的基礎上。

如果員工連最起碼的職業規則和公司規定都不遵守，他還有什麼發展前途呢？如果管理者再不進行懲罰，那就是對員工的不負責任，無論他是怎樣特殊的員工。從懲罰的作用角度而言，懲罰容易激發個人的逆反和反省心態，使其自身正視問題並成功處理問題，並在此過程中具備相應的能力。

如果一味放縱，不但員工個人能力得不到提升，還會引起

其他員工的強烈不滿，以後管理者政令無法暢通，企業就會出現管理混亂的局面。

因此，管理者不要認為懲罰在字面上與人性化的人本管理相衝突，懲罰和獎勵一樣，都是激勵員工的手段。懲罰是必不可少的，但是，懲罰一定要講究公平與公正，勇於對那些「特殊員工」開刀，做到一視同仁。松下曾說：「用人之道，貴在順乎自然，千萬不可矯揉造作。該生氣時就生氣，該責備時就責備，越自然越好。」松下公司的員工認為，能受到老闆的責罵是一種幸福，認為是老闆對自己成長的關照。因此，一個優秀的企業管理者，公平地懲罰每一個犯錯的員工，無論是對犯錯員工自己，還是對其他員工，都有著積極的作用。

第七節　誘導員工自我懲罰，讓員工知恥而後勇

完善的獎懲制度對於激勵員工有著很大的作用，獎勵的作用固然功不可沒，但懲罰也是非常重要的。懲罰的作用在於引導員工的某些觀念和行為，產生較為強大的壓力，促使員工不斷地提高自己的能力。因此，管理者不僅不能忽視懲罰的作用，還應該充分重視懲罰。其實在很多時候，懲罰對員工心理的影響要大於獎勵。特別是對於薪酬相對較高的人，對於獎勵額度小的激勵，基本沒有感覺。但懲罰的心理影響卻非常大，會激起員工的不服輸的心理，這樣會形成一種競爭的機制，提

升員工的工作能力和效率。

但是，懲罰一定要講究方法。一個優秀的企業管理者一定能夠誘導員工進行自我懲罰，由內心產生一種自責，形成內在動力，讓員工知恥而後勇，激發出難以想像的潛力。

「臥薪嘗膽」的故事人盡皆知。勾踐在被夫差擊敗之後，退守會稽山，於是號召群臣全軍對自己提出意見，然後對自己的過錯進行懲罰性的反省。他親自為夫差當馬前卒，只吃自己親手種的糧食，只穿夫人親身織的衣服，同時培養民眾和自己的羞恥心，最後領導越民消滅了吳國。

從懲罰和自我懲罰的角度而言，勾踐的自我懲罰產生了強大的內驅力，產生了助越滅吳的極大效果。企業管理也是同樣的道理，最高的處罰是誘導員工進行自我懲罰。從心理學的角度理解，自責是最有效的懲罰，同時也最容易產生激勵的效果。因為它是員工自己在心理上進行的真正的理解和檢討，透過反省和自責，使自己提升個人能力和素養，實現個人價值。要誘導員工進行自責，前提條件就是要建立員工的恥辱感。

當員工犯了錯誤，懲罰是應該的。但是，怎麼懲罰最有效？什麼樣的懲罰才可以變懲罰為激勵？最好的方式就是能夠讓員工進行自我反思，形成自責的內在驅動，從而嚴格要求自己，自我約束。這就是懲罰的藝術，管理的藝術，領導的藝術，變企業懲罰為自我懲罰，讓員工在接受懲罰時，發自內心

地反省，進而提高工作能力。自我懲罰能夠鍛鍊員工的羞恥心，其實從另一個角度而言，就是提升員工的榮譽心和責任感，這將對企業日常活動的組織產生極大的助推作用。優秀的員工，一定是無論何時都能自我反省的、有高度責任感的員工，一群具備高度責任感和榮譽心的員工，將為榮譽而甘願付出時間和精力。同時，知恥的過程便是反省的過程，反省就必然涉及問題的細節，對於問題細節的處理，就將鍛鍊員工的處理問題的能力。

某一家外商公司在招募新員工時，都要向新員工出示一項規定：如果連續三個月不能完成公司規定的業績，就要按照自己設定的懲罰措施進行自罰。

小劉剛進公司，看到這個規定時，認為那只不過是一項規定，公司不會履行。於是，他在空格裡填上：三個月完成不了任務，在繁華的地段問候每一個經過自己身邊的人。

小劉很快投入工作，由於剛畢業沒有工作經驗，連續三個月都沒有完成規定的任務。有一天，人力資源部主管把他叫到了辦公室，開門見山地說：「根據約定，連續三個月你沒有完成任務，你要盡快地履行自己的承諾。」

小劉這才想起了這項規定，可是他拒絕了，他認為這無疑是出醜的行為，要求換個方式。但是被拒絕了，並告知他要麼接受懲罰，要麼自動辭職。

迫於無奈，小劉不得不履行自己的諾言。自此以後，他每一個月都更加用心工作，再也沒有出現完成不了任務的情況。

　　在這個案例中，我們可以清楚地看到，這個公司想透過「自我懲罰」來激勵員工，使員工在工作中有緊迫感，以此來提高公司的業績。公司規定在先，又是自己自覺自願，自然無話可說。我們可以設身處地地想一想，員工在接受自我懲罰以後，一定會更加積極地工作，不會再願意自食其果，成為別人的笑柄。案例中該公司的規定，就激發了員工的恥辱感，這種員工自己意識到錯誤後的表現，遠比管理者批評後或金錢處罰後的效果要好得多。因為員工是為了榮譽感而努力，就會用心工作，達到知恥而後勇的目的。

　　當然，從一個公司管理者的角度來看，懲罰並不是目的，而是提升員工能力的一種手段。因此，除了要求員工進行「自我懲罰」以外，還應該重視員工的績效溝通與輔導，以便幫助員工完成任務。

　　總結起來，誘導員工進行自我懲罰的方法有如下三種：

　　第一，員工犯錯後仍然要真誠地表揚，然後提出期望。這種表揚不是挖苦諷刺，而是表揚他其他好的地方，讓他主動意識到自己的錯誤。這樣員工就會感覺到非常不好意思，進而主動改正錯誤，朝你期望的方向前進。

　　第二，管理者用自己的行動糾正錯誤。當管理者能彎下腰

來親自這樣做的時候，員工就會產生一種羞愧感，並對錯誤形成深刻的印象，進而努力改正。

第三，批評員工之前先進行自我批評。這樣的方式可以減輕員工的恐懼感和逆反感，比如可以先批評自己沒有進行有效的績效輔導，或者方法沒有講解到。當管理者自己先承擔責任，再從小的方面提出整改要求，員工就會因為管理者的真誠而主動認錯，並更加熱情地投入工作。

◆ 總裁智慧錦囊一、善於激勵員工 —— 百勝餐飲 CEO

大衛‧諾瓦克是百勝餐飲集團董事會主席兼 CEO，他連續十年帶領百勝保持了至少 10% 的增長率。但是，他並沒有把這一切歸功於自己，而是歸功於百勝員工。正如他所說：「身為一名領導者，我想我要成為一個激起巨大漣漪的人，但一個人跳下去是做不到的，你要帶領你的團隊一起跳下去。」

而這一切的取得，與大衛‧諾瓦克對員工的激勵是分不開的。百勝成長和發展的「祕密武器」，就是從小我到我們，讓每一個人都感到自己是團隊和項目的一部分，讓每一個人都投入和參與，讓每一個人都實現在工作中的價值體驗。

很早的時候，大衛‧諾瓦克就已經意識到，如果想了解真實的情況，就必須深入到員工中間去。當他以百事瓶裝集團業務負責人的身分前往美國聖路易斯的一家工廠時，當談到一些關於商品銷售的問題時，幾乎每一個員工都認為，一位名叫鮑

勃的員工在這方面是專家，他是最棒的。

這個在公司工作超過 40 年的員工正在場，他早已淚流滿面，兩週後他就會退休，但是卻是第一次知道有人會對他做出如此高的評價。鮑勃深感不安，非常遺憾。「如果鮑勃感受到了被忽視和低估，那麼，工廠中的其他人也同樣如此。」大衛·諾瓦克決定不讓這樣的事情再次發生，他決定親力親為，讓那些員工知道自己有多麼重要，並且在工作中收穫喜悅。

從此以後，大衛·諾瓦克開始了身先士卒的認同並且鼓勵員工：「你可以制定一個很好的流程，然後改變你的想法，改變你想要領導的人的想法，然後制訂一些計畫，來解決他們的困惑，滿足他們的需求，讓他們追隨你，你肯定會獲得你想像不到的成功。」

大衛·諾瓦克認為，如果一個人離開公司，只會有兩個原因：要麼是他覺得不被需要，沒有得到認可；要麼就是他不喜歡自己的老闆。大衛·諾瓦克堅信，認可、鼓勵員工這種人性化的方式，能夠切實帶來業務成效。而事實也證明，正是他善於激勵員工，讓員工充分發揮自己的潛能，才使得百勝十年來保持著超強的競爭力，持續發展。

第八章　獎懲有道—激發員工的積極性

第九章　危機管理

—— 居安思危，臨危不亂

就像戰場上沒有常勝將軍一樣，在現代商場中也沒有永遠一帆風順的企業，任何一個企業都有遭遇挫折和危機的可能性。一個優秀的企業管理者應該知道，從危機中得到的教訓往往是深刻的，而從危機中獲得的經驗也往往是非常寶貴的。危機過後，企業如果能夠吸取經驗和教訓，從危機中發現自身弊端，看到自身應該改進的地方，採取措施為今後的發展掃除障礙，那麼，危機就有可能成為轉機。

第一節　總裁不要怕危機，危機就是轉機

危機不僅帶來麻煩，也蘊藏著無限商機。

── 美國大陸航空公司總裁格雷格‧布倫尼曼

　　商場如戰場，總是充滿了變數。剛剛還春風得意馬蹄疾，轉眼間就有可能潰不成軍。指揮軍隊的將領們有的驚惶失措，倉皇逃跑；有的則拿出事先預備好的錦囊妙計，組織隊伍重新征戰。

　　一些人由於敵情變化而不知所措，有的人卻能面對強軍壓境而處之泰然，這是因為後者已經擬好了作戰的方案，做好了征戰的準備。身為一個企業管理者，如果能隨時做好抵禦危機的準備，那麼，在變幻莫測的市場經濟中就可以穩穩地站住腳跟，並找到新的方向。那麼，在市場經濟變化面前，企業管理

者該如何帶領團隊鍛鍊出應對變化的能力，並找到突破危機的方法呢？

有這樣一個故事。一位鄉下農夫的一頭老驢不小心跌進了一個深坑，農夫想了很多辦法都救不了它。聽著驢的哀鳴，農夫不忍心看著它痛苦而死。於是，農夫決定往坑裡填土，想把老驢悶死，以便使它早些脫離苦海。

當農夫開始往坑裡填土時，老驢被嚇瘋了。但每次土打到老驢背上時，它就用力抖掉，然後踏著土塊，往上走一步。不管土塊打在身上有多疼痛，老驢始終不放棄。不知過了多久，筋疲力盡、傷痕累累的老驢終於安全地回到地上。原本用來埋葬它的泥土最終卻拯救了它。

老驢得以脫險，來自於它面對困難時所持的態度和在困境中善於尋找方法。企業管理其實也是如此，危機並不可怕，有時危機就是轉機。危機就是危險中隱藏著千載難逢的機會。因此，在優秀的企業管理者的眼中，危機有時候不但不是真正的危機，反而是人生的機遇。當危機到來時，透過積極的轉化，轉眼之間，危機就可以變成超越競爭對手的良機。

在企業的經營和管理中，絕對沒有哪一個企業願意遭遇危機。但是，危機往往是不邀而至。一個優秀的企業管理者，一定能從危險中看到機遇，找到轉機。化危機為機遇，需要企業管理者有長遠的眼光，適時調整政策和策略，轉變觀念，蓄勢

待發，更需要有強烈的擔當意識。

好與壞並不是絕對的，善於把握機會，好的決策反而會讓你化危機為轉機。若能了解危機，善於運用危機來改變自己、改變環境，就能使得千頭萬緒的事迎刃而解，使企業在危機中反而蓬勃發展。對於一個企業的管理者來說，市場變化讓你思索不透，尤其是現在的資訊時代，更會讓你感到束手無策。因此，要適應這種變化，就必須有長遠的眼光，善於決策，找到企業發展的重點和中心，就能化危機為轉機。身為企業管理者，如何才能從危機中抓住機遇，找到轉機呢？

第一，企業管理者要樹立積極的危機意識。要想科學有效地解決企業所面臨的種種危機，就要對企業危機有深刻而透澈的認知。超前預防潛在的危機，未雨綢繆，危機來時就會坦然相對，冷靜分析。

第二，正視問題，認真對待是處理危機的基本出發要素。危機出現後，企業很可能遭遇「四面楚歌」的境地，企業管理者稍有不慎就可能會斷送企業的前程。所以，此時企業管理者應該正視問題，認真對待問題，切不可掩蓋事實，防止一些細小的事情給企業造成大的損失。

總之，「危機」兩字，著力在「機」。力挽狂瀾，扭轉局面，在動態中取得平衡，在危機中找到轉機，是一個企業管理者必備的素養。

第二節　居安思危，總裁一定要有危機意識

預防是解決危機的最好方法。

　　—— 英國危機管理專家麥克・里傑思（Michael Regester）

商業戰爭中，危機是常態。因此，一個企業管理者一定要有危機意識，能居安思危，這樣當危機來臨時，才會從容應對，從危機中找到轉機。某大企業總裁曾說：「一個人多長時間沒有危機感了，這個人就多長時間沒有進步了，一個企業也同樣如此。」

沒有危機感，就會有大危機；時刻有危機感，企業就會沒有危機。

商業領域中變數太多，風險和危機其實就潛伏在我們身邊。身為一個企業管理者，要想使公司順利地發展下去，就必須居安思危，做到未雨綢繆，具備良好的應變能力。這樣即使不能完全杜絕危機的發生，也可以盡量降低危機發生的可能性。

哈里是一家大型企業的總裁，同時還經營著十幾家分公司。這些分公司有的負責機械加工，有的負責零部件銷售，個個都是企業的頂梁柱，每年都能按總公司下達的指標完成任務，並上交足額的利潤。

除去企業管理的開支以外，哈里把這些利潤都全部存入了銀行。有些人認為把錢存入銀行不合算，不如利用這些錢再去

投資辦企業。可是哈里不這樣認為，他說：「現在，我已經基本滿足了自己的要求，再說我一個人也管理不了那麼多。現在已經夠我忙的了，就維持現狀吧！」

可是沒想到，世界經濟十分蕭條的時候，許多靠銀行貨款經營的企業被迫停產，而哈里卻完全可以靠銀行存款來進行生產加工，使企業繼續運轉自如。

哈里的行為，其實就在於他的危機預防。每一個企業管理者都要有危機意識，無論什麼時候，都要看到企業危機的存在。當企業發展如日中天的時候，居安思危，做好防範措施，當危機在不經意中到來的時候，就可以很好地解決。案例中的哈里在遭遇經濟蕭條的時候，企業卻並沒有因此受到太多的影響，就在於他在企業發展好的時候做好了充分的資金準備，所以當一個個企業倒下的時候，他卻能帶領他的企業繼續向前走。

日本的企業管理顧問藤井定美認為，所謂危機管理，就是針對那些事先無法預想何時發生，然而一旦發生卻對企業經營造成極端危險的各種事件做事前事後的管理。那麼，如何才能做到居安思危，培養自己的危機意識呢？

第一，找到與發生危機有關的各種可能因素，然後根據這些因素，擬定一份周詳的切實可行的防範危機的措施計畫。按照防範措施計畫，再進行周密的布置和安排，使每一個環節都具體落實。

第二，要建立早期預警系統，對於危機的苗頭要引起高度的重視。超前預警未來的危機，本身就是很好的處理危機的方式。危機的先兆可能很細小，非常容易被忽略；也可能出現的頻率很高，容易麻痺管理者的神經，引起大禍。因此，對於一些出現危機的苗頭，一定要高度重視。

　　企業管理者不僅要自己具備危機意識，還要訓練員工的危機意識，樹立全員危機感，幫助他們優化自身的行為，預防各種危機的思想。

　　第三，要照顧全面，注意那些容易被遺忘的角落。很多時候，人們總是會遺忘那些角落，而忽略了它們潛在的危險。危機發生前，要留有「預備隊」，作為應對危機的機動力量，比如一定數量的運轉資金。

　　現在的市場競爭，其實就是一場不進則退的競爭。無論企業發展處於哪一個階段，都要保持高度的危機意識，居安思危，凡事早作打算。對於一個不能居安思危的企業總裁來說，真正的危機來得比他想像的還要快。

　　如果事先沒有籌劃，堅守「兵來將擋，水來土掩」的信條，無異於讓企業在殘酷的市場競爭中自生自滅。一個居安思危、具有危機意識的企業管理者才能使企業在策略上不致迷失方向，盡可能地避免危機。

第三節　千里之堤，毀於蟻穴，　不要放過任何一個隱患

微軟離破產永遠只有 18 個月。

—— 比爾蓋茲

「千里之堤，毀於蟻穴。」這個道理每一個人都明白，即使是小小的錯誤和隱患，都有可能帶來不可估量的損失。企業管理者更要明白這個道理。企業管理重在細節管理，但往往由於企業管理者的麻痺大意，缺乏危機意識，放鬆了警惕，看起來很小的事，經過「連鎖反應」、「滾雪球效應」、「惡性循環」，最終會演變成摧毀企業的危機。

企業如何預防危機？是高瞻遠矚的策略，還是獨到的眼光？其實都不是，真正具有決定意義的，是對微小細節的關注和恰到好處的處理。企業發展要重視策略，但一定不能廢棄細節，每個人都把細節做好，才是對策略的一種支持。執行不力和細節失誤，會導致整體策略面目全非，危機就可能將企業完全吞噬。公司中的各種「小問題」，其實就是公司管理中的一個個小的蟻穴。從「大處著眼，小處著手」，與危機在細節上較量，在小事上較量，才能有效地預防危機。

哈佛商學院關於危機管理，有一個經典案例：

1994 年，一位婦女的投訴電話打到了美國可口可樂公司總

部，怒氣衝衝地說她在買的可口可樂裡發現了一枚別針。

　　天啊，可樂裡面怎麼會有別針呢？可口可樂公司不知道問題到底出在哪裡。但是，此事看似小，但實際上非同小可，處理不當，就會使可口可樂百年清譽毀於一旦。公司高層對此事非常重視，特別成立了一支調查組，連夜奔赴出事地點。

　　根據那位婦女的指引，調查組找到零售可樂的小店，又找到批發商，最後確定這瓶內有別針的可樂的分廠。調查組帶著那位婦女對這家分廠進行了突擊檢查，結果發現這家工廠生產條件極佳，乾淨衛生，工人也極為負責，根本不可能將別針放進可樂裡。調查組一時找不到問題出在哪裡。

　　於是調查組向那位婦女道歉，請她原諒，並且真誠地說：「您看，我們的生產條件極好，工作紀律非常嚴格，尤其是各位員工對顧客絕對負責，發生這樣的事肯定是個意外。但現在我們查不出來問題出在哪裡，我們一定會進一步加強管理，保證不會再有類似的事情。我們將賠償您 10,000 美元的精神損失費。同時，為了感謝您對我們公司的信任和忠誠，我們邀請您到公司總部免費參觀旅遊，如果有不滿意的地方，請直接說出來，我們盡力滿足。」

　　見此情景，那位婦女怒意全消。

　　老子曾說：「天下難事，必做於易；天下大事，必做於細。」大企業是由小細節構成的，而這些小細節有時候恰恰決定了企

業的成敗。如果一切歸於有序，能對小的疏忽及早發現，及早解決，就可以避免一場大的危機。可口可樂裡有別針，看似一件小事，但這件小事如果處理不好，那就會為可口可樂品牌帶來嚴重的威脅。因此，企業高層在處理此事時，態度慎重，追根溯源，才使公司避免損失信譽。

一些小的隱患，往往存在於一個不被人注意的角落裡，因此，企業管理者要在每一個細小的環節上給予足夠的關注。韓國的大宇公司身價 700 億美元，可是，正是因為企業大，小事沒人做；事情不大，小事做不透，所以遭遇危機後就倒閉了。有人把工作中小事的失誤比作一隻有危害的老鼠，老鼠多了，破壞力自然巨大。所以，一些看似不起眼的細節，往往卻是造成企業危機的源頭，不注重這些細節，就無法做到對危機的預防，更無法從危機中找到轉機。

因此，身為一個企業管理者，一定要從細節掌握起，切不可放過任何一個哪怕是很小的危機隱患。若要做到如此，企業管理者在日常的管理中，一定要做到如下三點：

第一，對細小的安全隱患要有足夠的意識。在危機管理中，細節是不容忽視的，因為只要一個細節沒有做到，就可能給企業帶來毀滅性的危機。事雖小，影響卻有可能非常大。有些管理者認為企業很大了，一些小的安全隱患不足為患。企業管理者對隱患的嚴重性意識不足，往往就會忽視問題的潛在危

機，不能及時控制局勢。如果任由其發展，當危機來臨時，企業就毫無勝算可言。

第二，不能盲目樂觀。有些企業管理者意識到的問題不夠全面，只看到企業發展的大好局勢，看不到存在的一些細小的危機隱患，遇事只往好處想，從來不考慮不利的一面。所以，管理者潛意識裡一定要有危機意識，善於糾出細節，杜絕一切安全隱患。

第三，做好周全的防範措施。發現危機隱患不僅要及時消除，在思想上加強防範外，還要制定具體、詳細、妥善的防範措施，這樣才可能讓危機化解於無形，即使危機來臨，至少可以掌握主動權，把損失降到最小。

總之，細節決定成敗。如果不重視細小的安全隱患，一連串的失誤勢必在某一天釀成大禍，所以管理者千萬不能輕視任何細小的錯誤。

第四節　危機時更要加強對資金的管理

21世紀，沒有危機感是最大的危機。

—— 哈佛商學院教授理查·帕斯卡爾

資金是企業經營的基礎，它在企業發展的任何環節，都是不可或缺的。當企業遭遇危機時，更要加強對資金的管理。身

為企業的靈魂人物，一定要懂得，拯救公司，首先必須要控制資金的流失。保住資金，然後再考慮重建公司的策略、文化和經營程序。

通常情況下，當企業處於危機狀態時，企業資金管理會存在以下的問題：資金管理意識淡薄，管理體系不健全。一些企業有錢時不知如何規劃使用，缺乏一種長期預算資金的管理意識，在資金的整個循環過程中缺乏科學性和統一協調性。企業片面追求產量和產值，對產品開發和未來風險沒有進行合理的評估。除此之外，資金管理模式不適應企業實際，資金供需衝突大也是資金管理中常出現的問題。資金管理手段落後，資金成本高，使用效益低下和資金風險管理不足，引發嚴重財務風險，都是危機狀態下企業資金管理中出現的問題。

當企業遭遇危機，經營不成功時，首先需要從自身找原因，尋找突破口。在推行改革的時候，應該全方位考慮，但必須確定好順序。

林‧麥克唐納畢業於哈佛商學院。1991 年他接管諾蘭達林業公司的時候，知道這家公司正面臨著危機，但他並不知道危機有多大。

他來到諾蘭達林業公司的時候，這家公司每年虧損近 2 億美元，當時整個行業都面臨危機，再加上其他企業強大的競爭力，造成了諾蘭達林業公司紙漿和建築材料產品也在走下坡

路。公司的運作達到了有史以來的最低點。麥克唐納發現公司不僅策略上有問題,還欠著加拿大好幾家銀行共 3 億美元的活期貨款。麥克唐納就是在這種情況下進入公司的。

麥克唐納迅速採取了措施,他首先要做的是擺脫銀行催帳的威脅,讓他們看見公司正在改善,即將擺脫困境。與此同時,麥克唐納集中力量改善資金狀況,削減一切不必要的資本支出,出售虧損的企業,如三家小鋸木廠。他還減少了流向各下屬企業的現金,規定所有的現金都要上交公司中心,由中心再分配,並盡量削減開支。但是,僅僅這些不足以使公司擺脫龐大的債務。

後來,他不得不說服諾蘭達公司董事會同意賣掉麥克米蘭‧布羅黛的股份。這可不是一件小事,麥克米蘭‧布羅黛公司 —— 加拿大最大的林產品公司 —— 是諾蘭達林業公司皇冠上的珍珠。諾蘭達林業公司擁有它 49% 的股份,每年得到紅利約 500 萬美元。不久,一家保險商集團以「現付」的方式購買了諾蘭達公司在麥克米蘭‧布羅黛公司的所有股份,諾蘭達林業公司在兩年內得到了 9.3 億美元。

這使公司的壓力大大減輕了,他們開始還債,終於擺脫了銀行逼債的陰影。然後他開始著手將經營方式上的其他方面徹底改革了。

他要求各單位把賺得的所有現金必須上繳中心,由中心按

整個公司的需要進行分配。在情況有所改善、現金有所增加之後，麥克唐納便開始要求最高層經理們參與徹底改革。漸漸地，公司情況得到了改善，整個公司開始復甦。

當公司面臨巨大的危機時，麥克唐納首先加強了資金管理，透過縮減開支、資金統一支配、變賣股份等方式，在資金管理上大做文章，終於使企業度過危機。可見，危機面前，資金的管理是非常重要的。

那麼，身為企業管理者，當企業遭遇危機時，到底該如何加強企業的資金管理呢？

第一，要增強企業資金管理意識。諾蘭達林業公司之所以面臨危機，除了企業沒有正確的策略、管理不善以外，對資金管理意識不夠是造成危機的重要原因。因此，身為企業管理者，一定要樹立統一管理資金的觀念，進行規劃使用。同時，要嚴格控制現金流入和流出，保證企業始終具備支付能力和償債能力。不僅如此，企業管理者還要提高資金管理的風險意識，要充分估計各個項目的風險，謹慎投資。

第二，實施企業資金的集中管理，全面提升企業資金管理水準。資金集中管理是發展的必然趨勢。實施企業資金的集中管理，對於企業的生存和發展具有重要作用。它可以幫助企業完善整體資金鏈，實現整個利益的最大化，有利於企業集中進行策略方向的調整，還可以有效地降低企業控制成本，提高資

金的使用效率。

第三，加強企業內部管理，積極開展內部審計，強化財務監控與監督。對企業內部財務的管理和監督，可以對各個環節資金使用情況進行認真梳理，監測有可能發生的風險並做出有效的、積極的應對，將風險控制在最低。

總之，當企業遭遇危機時，企業管理者首先必須要帶領企業擺脫「經濟危機」，緩解資金壓力，這才是拯救企業最好的辦法。

第五節　面對危機，該裁員時千萬別手軟

面對危機，假如需要裁員的話，就要果斷施行，千萬不能心慈手軟。

—— IBM 公司總裁路易斯・郭士納

面對裁員，無論是企業還是員工，都唯恐避之不及，但這又是企業和員工不得不正視的一個問題。長期以來，一提到裁員，總是企業老闆煩惱，員工憂慮。但是，當企業由於市場因素或者企業經營不善，導致經營狀況出現嚴重困難，盈利能力下降，企業面臨生存和發展的危機時，裁員成為很多企業迫不得已而做出的最後舉措。為了降低營運成本，企業被迫採取裁員行動來緩解經濟壓力，幫助企業度過難關，這就是所謂的經

濟性裁員。但是，引發大規模大數量的勞動爭議，成了裁員導致的不可避免的直接後果，這無疑又給企業增加了成本，甚至更多的經濟損失和法律風險。所以，很多企業在面臨危機的時候，往往在減薪和裁員之間難以取捨。其實，裁員是企業一種正常的人力資源管理行為，是企業人力資源管理的重要組成部分。或許裁員會面臨許多問題，但不可否認，有時裁員也是拯救企業的最有效的方法。

無論是對員工，還是對企業來說，裁員都不是個好詞，裁員無疑是一個痛苦的決定，更是會讓一些老員工、特別是為公司做出巨大貢獻的甚至奉獻一生的員工感到痛心。其實大部分時候，「裁員」彷彿就是某方面的失利甚至是整體營運狀態不佳的代名詞。但正如古語「皮之不存，毛將焉附」所說，如果不裁員，整個公司將面臨更大危機，沒被裁的員工都將受累其中。雖然裁員是一個痛苦的過程，但卻是企業良性循環、減小資金壓力的一個好方法。

也有人不禁會提出這樣的問題：「在遭遇危機時，大規模裁員是拯救企業的唯一辦法嗎？降薪會不會比裁員更好呢？如果提前一定時間通知員工要降薪，給他們緩衝的時間，是不是能把企業的損失降到最小？」

是的，裁員和降薪的目的是一樣的，都是縮減企業開支，減小生產成本，以求度過艱苦的日子，再圖來日發展壯大。但

是，細看來，裁員和降薪又有很不一樣的地方：裁員以普通員工為大多數，輔以少數管理人員，而且這部分人員在業績和工作能力方面，肯定也有一些不盡人意的地方，換句話說，留下的，會是公司的菁英，是少數得力的幹將。而降薪所覆蓋的面就相對廣得多。

為了公平，無論是管理人員，還是一般的員工，降薪得大家一起降，有難同當往往比有福同享更能體現人的真情，所以大家要一起減薪，而且減少的比例要差不多，不然極易給人不公平的印象。當然，若有個別同事有突出貢獻，當然可以在降薪後另行獎勵，也不算特殊優待，應能得到理解。但是，如果一起降薪，就會產生隱患，有一種理論就認為，企業勞動力的平均素養取決於它向員工所支付的薪水。如果降薪是行業普遍現象，還好；如果不是，那麼員工就會感覺自己在整個就業市場中的價值等於是下降了。如果員工對企業有強烈的忠誠度和歸屬感，他們會跟著企業一起度過難關，否則，最好的員工很可能另謀高就。如果企業降薪，優秀的員工會離開，而留下的員工能力相對有限，這樣的結構比例，就會導致企業經營不善，並出現「劣幣驅逐良幣」的惡性循環。因此，相比較減薪而言，自主決定裁掉哪些員工是更理想的方式。

換句話說，即便好員工有強烈的忠誠度，留了下來，但是面對縮水的薪資單，也可能出現意志消沉，工作積極性會受

到打擊，工作沒有了以往的熱情。員工工作努力的程度如何，企業不可能完全監督，這是自省的行為。員工可以選擇努力工作，也可以選擇偷懶並承擔被解僱的風險。所以，自主裁員保留優秀員工，並適當地支付高薪，可以促使員工更勤奮工作，從而提高生產率。

所以，當公司面臨重大危機時，減薪有時並不能排除企業的困難。在企業面臨暫時性、局部性的困難時，減薪也許是個好措施；但當面臨社會性的、全局性的困難時，減薪並不能發揮作用。管理者必須壓縮開支和精簡機構，這時，進行裁員是難免的，要果斷，絕不能心慈手軟，對於公司一些碌碌無為的人只有讓他們另謀高就。但在裁員的做法方面，企業管理者要注意，一定要選擇容易讓員工理解和接受的裁員方式。

路易斯·郭士納 ── IBM 公司總裁，畢業於哈佛大學商學院的最頂尖的管理者，曾經是君臨天下的企業霸主。

郭士納於 1993 年 4 月 1 日就任 IBM 執行長時，IBM 正面臨著巨大的危機，虧損十分嚴重，雇員們非常擔心自己會被解僱。為了使雇員們不致惶恐不安，郭士納剛上任五天就竭力向雇員們保證，雖然他的扭虧為盈計畫難免會傷害一些人，但他會盡力緩解痛苦的。他知道每個執行長在動手裁員前都說這話，可是他在 4 月 6 日的一份備忘錄中說的卻是肺腑之言，備忘錄中告訴大家，儘管裁員很痛苦，但這是必要的。他向員工

保證，將會盡一切可能盡快地度過難關。

他用電子郵件把這份備忘錄發給 IBM 的所有員工。從一開始，郭士納就試圖突破傳統，想表明 IBM 不必要那麼一本正經，隨和的方式也是很好的。

公司的創始人老托馬斯‧沃森和他的兒子早已去世，但他們的影響，尤其是老沃森的影響仍然根深蒂固。這父子倆創立並設計的企業文化是 IBM 鼎盛時期的支柱；但也正是這種日益變形、扭曲了原意的企業文化使 IBM 日漸衰弱。為了摒棄舊的企業文化，7 月 27 日，IBM 宣布，裁減 35,000 名雇員。

在郭士納大刀闊斧進行裁員的過程中，甚至連他自己的兄弟也未能倖免，這讓人們覺得郭士納不近人情，即使讓他親兄弟離開的決定是痛苦的，但郭士納絲毫不動聲色。他真正表現出來的是一種給 IBM 帶來新生命的決心。

裁員是一種「理性的人力資源退出行為」，也是一種相對較為剛性的人才退出方式，是企業或組織為了保持持續成長和發展所採取的措施之一。它會在一定程度上增加企業的管理成本，比如裁員所招致的評論及被裁員工的不滿都會在某種程度上影響企業的形象和運行。

為了企業的發展，郭士納是正確的，他在企業面臨危機時表現的堅決與果斷，讓他的裁員計畫取得了成功。但同時，我們也應該看到郭士納在裁員過程中表現的人性與柔性。裁員

本身是剛性的，而裁員的對象又是有思想、有感情的人，如果在裁員的操作過程中，過於剛性而缺乏柔性，最後必然導致裁員矛盾激化，使企業失去道義，員工失去信心，裁員成本也必然會大大增加。郭士納的柔性首先表現在他與員工的真誠溝通上，讓員工明白裁員的必要性，並給予了他們重振公司的信心。所以，裁員的操作一定要具有柔性，要在理性的基礎上採取人性化的方式。

當企業面臨必須裁員的情況時，果斷迅速的方法並不可取，容易極大地引起員工的反感，離開的憤憤不平，留下的人心惶惶。即使人留在了公司，也會提心吊膽，生怕哪一天就會被裁掉，這樣的狀態又怎能很好地投人工作呢？因此，在裁員前，企業一定要採用人性化和柔性化的裁員方式，可以採用以下三種方法：

第一，協商解除。協商解除應當是首選方式，既是和諧勞動關係所需，也是構築企業良好社會形象所需。為了鼓勵勞動者接受協商方式，在制定經濟補償金方案時，企業可以提高補償的標準，讓被裁員工心裡能接受。同時，協商解除需要人力資源管理者或面談者具備良好的溝通能力和談話技巧，要有一定的親和力，盡量避免因為方式生硬導致談判破裂。

第二，請員工自願離職。2004 年以前，日本每 100 家企業中就有 78 家進行了裁員。其中採用較多的辦法就是貼出布告，

讓員工主動提出退休，公司在退休金上給予照顧。大規模裁員的東芝、松下、富士通等公司都用了這個辦法。這種方法具有一定的彈性，員工更容易接受。

第三，向下派遣式裁員。把員工派到分公司或者生產第一線也是一個辦法，這個方法的好處是使一些才能出眾的員工進入公司的核心地帶，讓那些平庸的員工得到鍛鍊、提升自己的機會。這不僅不會影響公司的穩定，還很好地維持了企業文化。

公司面臨危機時，裁員是提高效率、降低成本的最佳方法。當然，「裁員」是一個讓企業、員工都倍感沉重的話題。解僱員工是痛苦的，但有時又是非常必要的，這就需要企業管理人員的果斷和人性化的裁員，既要制定合適的、人性化的裁員計畫和實施方案，又要有果斷的決心。無論是哪一種裁員方式，溝通、溝通、再溝通，取得勞動者的理解和諒解都是最重要的。

第六節　不管危機有多大，鬥志都不能丟

人生像攀登一座山，而找尋出路，卻是一種學習的過程，我們應當在這過程中，學習穩定、冷靜，學習如何從慌亂中找到生機。

—— 席慕蓉

在現實世界裡，一個企業在發展中都要或多或少地遇到危機，蓋茲、戴爾這樣的幸運兒畢竟是少數或者是極少數。根據有關的數據，在美國中小企業中，約有 68% 的企業在第一個 5 年內倒閉，19% 的企業可生存 6 ～ 10 年，只有 13% 的企業壽命超過 10 年。

很多企業遭遇危機時，苦苦掙扎之後頹然放棄，很多時候，先敗下陣來的首先是人的精神。當一個人遇到困難，面對絕望而喪失了鬥志，那就會被攔截在成功之外。企業管理就如人生，危機隨時有可能發生，在危機面前，如果沒有高昂的鬥志，沒有必勝的信心，那麼結局自然不言而喻。

在商場上度過「深夜」的人很多，而大多數人都倒在了「黎明」前的「黑暗」之中，而錯失了之後的成功。

在企業危機面前，能否順利度過危機，找到轉機，關鍵在於企業管理者。在危機面前甚至失敗面前，企業管理者都不能失去對未來的信心，要保持振奮的精神和堅強的鬥志，笑著面對。20 世紀最偉大的勵志成功大師，作家拿破崙‧希爾深信，「失敗」是大自然對人類的嚴格考驗，它借此燒掉人們心中的殘渣，使人類這塊「金屬」因此而變得更加純淨。他忠告道：「命運之輪在不斷地旋轉，如果它今天帶給我們的是悲哀，明天它將為我們帶來喜悅。」

《聖經》裡也有一段箴言：「你若在患難之日膽怯，你的力量

就要變得微不足道。」危機不可能一直持續，或許暫時的危機和失敗會給企業帶來衝擊與影響，但只要企業管理者和員工保持鬥志、保持信心，就會有反敗為勝的一天。

當然，僅憑一腔熱血勇往直前，是不可能真正戰勝危機的。那麼，面對危機，企業管理者到底該如何鬥爭到底呢？除了必要的策略決策和管理外，我們還可以從以下兩個方面入手：

第一，企業管理者首先要認清形勢，堅定信心，以高昂的鬥志積極應對挑戰。企業可以透過多種形式，鼓勵員工在嚴峻的困難面前，振奮精神，同心同德增加戰勝困難的勇氣和信心。當企業遭遇危機時，埋怨牢騷、畏難發愁、不思進取、期望市場好轉，都不能改變現狀，只有保持樂觀心態，積極應對，變壓力為動力，充滿鬥志，在創新中求發展、求生存，千方百計找出克服困難的辦法，才能使企業不斷向前發展。

第二，逆勢而上的信心和進取心。一個優秀的企業管理者，並不在於形勢大好時高歌猛進，在熱火朝天的時候風生水起，在順當的時候一馬當先，而是在形勢出現逆轉、企業遭遇危機、市場出現波動、環境出現惡化的時候，如何應對。企業管理者要一直保持逆勢而上的自信心和進取心，求機遇，促發展，面對危機，一定不能亂了手腳，危機中的信念和鬥志是獲得增長的動力泉源。

第七節　在積極心態面前，一切危機都是紙老虎

人的一生，總是難免有浮沉。不會永遠如旭日東昇，也不會永遠痛苦潦倒。反覆地一浮一沉，對於一個人來說，正是磨練。因此，浮在上面的，不必驕傲；沉在底下的，更用不著悲觀。必須以率直、謙虛的態度，樂觀進取、向前邁進。

—— 松下幸之助

心態在很大程度上決定了我們人生的成敗。生活中有積極的心態，困難就會迎刃而解。成功者之所以成功首先在於他具有積極的心態，他能運用積極的心態去支配自己的人生，用積極的心態來面對這個世界，面對人生路上出現的一切困難和挫折。如果總是以自卑、悲觀、消極頹廢的心態去面對生活，這樣的人，注定會失敗。

生意場中更是如此，一個企業能否順利度過危機，企業管理者必須要擁有積極樂觀的心態，才能戰勝危機，打開一扇成功的大門。

當年，中美史克遭遇「PPA」風波，之所以能創造「產品不存，品牌依舊」的奇蹟，就是因為他們在危機時刻所表現出來的積極認真負責的態度。

2000 年 11 月 15 日，國家藥品監督管理局發布了《關於暫停使用和銷售含丙醇胺的藥品製劑的通知》，中美史克旗下的康

泰克作為中國境內感冒藥的第一品牌，首當其衝地被媒體搬上了審判臺，當時康泰克幾乎成了 PPA 的代名詞。

面對這樣的突發危機，中美史克臨危不懼，積極面對，第二天就迅速透過媒體刊發了給消費者的公開信，向消費者做出承諾，表示堅決執行政府法令，暫停生產和銷售康泰克。

17 日中午，中美史克在全體員工大會上通報了此事的情況，並表示公司對前景樂觀，會積極面對，不會裁員。此舉措贏得了全體員工的高度團結，心裡的陰影也逐漸褪去。

不僅如此，中美史克還召開了新聞發布會，表示將全部收回康泰克，對媒體的不實報導和其他競爭者的惡意攻擊也不反駁，只作解釋。同時，中美史克開通了 15 條消費者熱線，數十名訓練有素的接線員耐心解答公眾的詢問。不久，中美史克又宣布銷毀價值一個多億的康泰克。

這一系列積極的舉措，樹立了企業勇於承擔責任的良好形象，贏得了媒體和公眾的信任，也為以後的重整旗鼓莫定了基礎。

中美史克在面對危機時，表現出了積極的應對態度。面對突如其來的危機，中美史克可以說不僅損失的是金錢，還有信譽。金錢受損可以再賺，但一個企業的信譽受到損失，要重新贏回來，卻是一件不容易的事。

但是，雖然損失慘重，中美史克的積極心態和措施卻贏得

了公眾的信任，這種信任，為企業以後的發展奠定了基礎，也正是這一積極的舉措，體現了重新崛起的意志。

　　管理者的態度非常重要，不管是積極的還是消極的，都會直接影響到員工、顧客、供貨商等的態度。身為一個企業管理者，即使在最難熬的逆境中，也要永遠保持積極的態度，要擁有開闊的心胸，時時不忘實現自己的目標。只有把所有的疑慮、負面的想法從心中根除，找到最好的解決辦法，才能化危為安。

　　在積極的心態面前，一切危機都是紙老虎。危機來臨時，企業管理者首先要擺正心態、認清形勢。「危機」既是危險，也是機會，並不是企業一定會破產。同時，在這個時間內，一定要把積極的心態傳達給員工，對他們進行培訓與訓練，上下一心，衝破阻礙；在執行新決策時，最重要的因素就是要有必勝的信心，並有使之實現的熱情，要相信自己有無窮的能力，從危機中找到轉機。對有準備的人來說，積極應對危機常常可以化危為機。面對危機，企業管理者只有保持積極樂觀的心態，才能在充滿挑戰的危機中勝出，才能逆勢而上，實現突破和跨越。

電子書購買

爽讀 APP

國家圖書館出版品預行編目資料

領航管理，九步改寫企業格局：績效管理 × 危機意識 × 人才培訓 × 角色定位……當發號施令的管理者不只要有兩把刷子，事實上你該有九把！ / 吳文輝 著 . -- 第一版 . -- 臺北市：財經錢線文化事業有限公司 , 2024.01
面；　　公分
POD 版
ISBN 978-957-680-731-2(平裝)
1.CST: 企業管理 2.CST: 組織管理
494　　　　112022702

領航管理，九步改寫企業格局：績效管理 × 危機意識 × 人才培訓 × 角色定位……當發號施令的管理者不只要有兩把刷子，事實上你該有九把！

臉書

作　　　者：吳文輝
發 行 人：黃振庭
出 版 者：財經錢線文化事業有限公司
發 行 者：財經錢線文化事業有限公司
E - m a i l：sonbookservice@gmail.com
粉 絲 頁：https://www.facebook.com/sonbookss/
網　　　址：https://sonbook.net/
地　　　址：台北市中正區重慶南路一段六十一號八樓 815 室
Rm. 815, 8F., No.61, Sec. 1, Chongqing S. Rd., Zhongzheng Dist., Taipei City 100, Taiwan
電　　　話：(02) 2370-3310　　傳　　　真：(02) 2388-1990
印　　　刷：京峯數位服務有限公司
律師顧問：廣華律師事務所 張珮琦律師

定　　　價：330 元
發行日期：2024 年 01 月第一版
◎本書以 POD 印製
Design Assets from Freepik.com